U0017630

吳靜吉博士策劃

大眾心理學叢書

每冊都包含你可以面對一切問題的根本知識

97

實用管理心理學（下）

大衆心理學叢書 97（原大衆心理學全集44）

實用管理心理學（下）

作　者——Thomas V. Bonoma & Gerald Zaltman
譯　者——余振忠
策　劃——吳靜吉博士
主　編——大眾心理學叢書編輯室
發行人——王榮文
出版發行——遠流出版事業股份有限公司
臺北市汀州路 3 段 184 號 7 樓之 5
郵撥／0189456-1
電話／2365-1212　傳眞／2365-7979
香港發行——遠流(香港)出版公司
香港北角英皇道 310 號雲華大廈 4 樓 505 室
電話／2508-9048　傳眞／2503-3258
香港售價／港幣 41 元
法律顧問——王秀哲律師・董安丹律師
著作權顧問——蕭雄淋律師
1994 年 7 月 16 日　二版一刷
2003 年 4 月 1 日　二版八刷
行政院新聞局局版臺業字第 1295 號
售價新台幣 125 元（缺頁或破損的書，請寄回更換）

ISBN 957-32-2210-8　（英文版 ISBN 0-534-00904-2）
YLib 遠流博識網
http://www.ylib.com.tw　　E-mail:ylib@yuanliou.ylib.com.tw

實用管理心理學（下）

波諾瑪／卓特曼 著
余振忠 譯

Thomas V. Bonoma & Gerald Zaltman

Psychology for Management

實用管理心理學

目錄

上冊

第三篇 互倚性衝突和影響力

下冊

第八章 管理的權力與影響力

Larry Lewis是John Allis的行政助理，他上班不到一個月，就遲到了四次。John對Larry慢吞吞的態度頗感厭煩，但卻不知道該怎麼辦才好。以往Larry每一次遲到，John總會對他數落一番。而Larry也都向他保證這是特殊事故，絕對不會再發生。同時Larry也了解John很不喜歡別人遲到。然而，在其他各方面Larry的表現實在令人滿意。而John始終未能授權給其他的行政助理，他幾乎把一切例行報告的撰寫工作全部交由Larry來處理。此外，Larry也表現出高度的原創力。John認爲Larry對工作程序所提的某項建議，每年至少可以爲公司節省二五、〇〇〇美元。

這回，當John又在等待Larry的出現時，他心裏想著：我已經對這個傢伙說過道理，嘗試著要去說服他，然而總是沒有什麼效果。看來，我只有三個抉擇了：⑴用解聘來威脅他，如果他還是依然故我的話，就眞的把他解雇。⑵答應他如果他改正的話，就給予特別的獎賞。⑶設法找一個操弄他或操弄環境的方法，以達成意欲修正的行爲。行爲科學家們常論及管理者擁有權力，可以影響部屬的行爲。如果我也擁有這種權力，那爲什麼我好像無法影響 Larry 的行爲？

在上一章，我們詳細地討論了後果互倚性的本質和要素。我們將互倚性（或吾人行動的後果受他人行爲的影響）視爲管理和社會生活的普遍情況。再者，由於我們都是自私的動物，因此我們會發覺自己往往與他人會有利害的衝突。本章主要討論我們如何去處理互倚性（特別是當衝突發生時），以求達成期望目標。

這一章所討論的是有關社會的影響力。它是一些有效處理衝突的技巧。一開始，我們將詳細探討權力與影響力的本質。然後我們再來看看各種不同的影響力模式，包括當某人與他人發生衝突時，所採用的强硬、溫和，或操弄的方式。我們也特別注意有關影響力模式的應用與反應的管理文獻。最後，我們要討論的是：社會影響力的效能及其有關個人的層面。此外，在摘要裏我們討論了一些有關影響力的道德觀與倫理觀的問題。

權力與影響力

就定義而言，權力與影響力到底是什麼？它們有什麼不同？這都曾經引起廣泛的爭議（請參考 Tedeschi and Bonoma, 1972）。對於這些觀念的區別與定義，各家說法不一。我們也無法提出一個一致的意見，所以我們在此僅提出一些摘要性的敍述。

一般而言，影響力是一種能力，一種使他人照著你的意願行事的能力。在此，如何實現影響力，與我們的討論並沒有直接的關聯。爲了方便起見，我們將成功的影響定義爲：某甲的一種行動可以促使某乙執行某一行動、戒除某一行動，甚或依照某甲的意圖來修正他的行爲。

然而，還有一些因素必須加以考慮，某乙受影響的程度決定於某乙在未受影響前，對從事行動的意願。舉例來說，倘若 Harry 命令你要完成一份報告，那麼他不能稱爲一個成功的影響者。因爲在某些情況下，我們很難去明瞭受影響的人爲何執行某一行動，也許他只是對此一行動有正面的傾向，而非受到影響。所以，要判定一個影響者的成功與否，必須不斷地觀察他對不同問題所施行的影響。當然要去影響對行動有正面意願的人，是極爲可能的。但我們卻無法確知他們執行影響者所期望的行動，到底是因爲我們的影響，還是由於他們自己的正面傾向。

第二，試圖影響別人的管理者，必須事先有達成某一行爲效果的意圖。比方說，我們都會有令人討厭的同事，而爲了擺脫這些人，我們往往會毫不考慮地滿足他們的要求。然而，除非這些是爲了達成某些意圖，才採取這種人際關係的模式，否則他們便不算是成功的影響者。總而言之，影響者在運用策略以產生某一結果之前，必須先有達成此一結果的意圖。

第三，成功的影響對受影響者是否執行某一行動，必須存在某種程度的不確定性（情境的或時間的）。如果你等到一個人快要坐到椅子上時，才大叫一聲「坐下」，那麼你只算是預測了一件不可避免的事，而不能稱爲是一個成功的影響者。

在此，重申一遍，影響力是一種令他人改變其行爲的能力；而這種改變如何發展（透過口頭的溝通、行動，或其他的任何方法），基本上是沒有什麼關聯的。但是不論你如何去影響，成功的影響必須具備下列條件：①受影響者，對你所建議的行動至少須帶有中性的，甚或負面的意願。②你意圖得到特定效果，並使用特定的策略以達成此一效果。③對於受影響者下一步所要做的，有相當的不確定性。

底下是社會科學文獻對權力所下的定義中，最廣爲人們所接受的四個。從這些定義，我們可以很明顯地看出權力和影響力之間的差異有些混淆。若干個定義（尤其是第一和第四）和我們對影響力的定義似乎沒有太大差別。無論如何，權力就像影響力一樣，也代表著某人促使他人去做某事。

權力是……

一種控制他人行爲以符合個人願望的能力。

——Schur, 19699。

任何可歸因於他人行動（那怕只是一部分）的行爲改變。

——Morgenthau, 1969.

當乙偏好某一行動時，甲能夠令他採取另一行動的機率。

——Harsanyi, 1962.

假如某個人能使另一個人做某件他原本不願意的事，那麼我們就說這個人有權力。因此，權力是一種合法化的成功影響力。

——Dahl, 1957.

權力是較爲一般化的觀念，而影響力則較爲具體。權力指的是一種經常能夠成功地影響他人的能力。它能在不同的時點，促使不同的人做不同的事。我們可以使用各種不同的策略，以得到他人的服從。簡單的說，權力是一種經常的、成功的社會影響力。它通常比其他影響策略有較爲穩固的基礎，第七章所列舉的權力基礎即是。譬如，某些人可能會應用其吸引力，經常地而且成功地影響他人，順著影響者的意向，執行某些行爲。其他如專業知識、權威，或其它較爲持久的互動特質，都可能被用來做爲促使他人服從的基礎。

本章剩餘的部分，將着重探討一些促使他人遵從吾人意願的技巧，也就是所謂的影響力。但我們不該淡忘的一點是：如果你想要不斷地、成功地影響別人，那麼這些技巧就必須與社會權力的基礎相結合。任何一位將軍都可能打勝仗。同樣的，管理者總會有晋升的時候，但是如果想登峯造極，那就非得要有一致而不斷的成功不可，而權力正是獲致成功的不二法門。

社會影響的模式

在管理生活中，我們試圖影響他人的方式，總稱之爲社會影響的模式（social influence modes）。這些模式（列於表8－1）可以大別爲四類，如表8－1所示。它們分別是：①强硬的影響模式（hard influence mode），包括威脅與承諾。②溫和的影響模式（soft mode），包括正面和負面型態的說服。③所謂的操弄式影響模式（manipulational modes）。④與影響有關的行爲。（除此之外，表8－1還列了非影響的行爲）我們依次探討每一大類，然後提出一些最近的研究報告，以明瞭這些影響的策略，如何結合在一起，俾使管理者在影響他人時能夠應付裕如。

表8—1　影響模式

I强硬的影響模式

A．威脅

指明倘若乙不從事（或抑止）某一特定行動，甲將直接予以懲罰。

例如：「如果到禮拜五，你還不能把報告寫好，我就炒你魷魚！」

B．承諾

指明倘若乙從事（或停止）某一特定行動，甲將直接予以獎賞。

例如：「如果你能爭取到丙公司的存款，那你這一年的紅利就會多一點。」

Ⅱ溫和的模式

A·警告

指出某乙的行爲可能會招致懲罰。

例如：「抽烟有害健康，再抽下去，你可能會罹患癌症。」

B·建議

指出某乙的行爲，可能會爲其帶來獎賞。

例如：「想要在這家公司出人頭地，你得要討好公司的總裁 Jack Jones」。

Ⅲ操弄的模式

A·生態的控制

建立環境以產生期望的行爲效果。

例如：公司副總裁的辦公室裏，沒有訪客的座椅。

B·迂迴的控制

藉著對丙的影響，進而間接地影響乙。

例如：告訴公司裏喜愛閒言閒語的人，你正考慮離開公司。

C·線索控制

利用某人的制約反應來影響他。

例如：在管理會議上大叫「失火了」！

Ⅳ與影響有關的行爲

A．反射性

重述某乙的陳述，以便引出更多的資訊。

例如：「你説你在這裡不怎麼愉快，是吧？」

B．自我袒露

透過有關自己的一切事實，以便誘發某乙做相對的表白。

例如：將你個人的私生活告訴某人，並以之做爲績效不佳的「解釋」。

Ⅴ非影響的行爲

A．問題。

B．回答。

C．敍述。

强硬的模式

强硬的影響模式如表8－1所示，包括了威脅與承諾。而威脅正如你所想像的，即是那些指明，某人如果沒有從事（或抑止）某一行爲，你將會直接予以懲罰的敍述或行動。相反的，承諾則將受影響者的行爲與直接的獎賞連結在一起。讓我們分別對這些技巧加以探討，然後再合併討論。

威脅（Threats）：威脅在管理上並不常用。但是一旦使用威脅時，它卻是所有影響他人的技巧中，最有效的一個（下面幾節會有資料）。資料顯示（Bonoma and Tedeschi, 1974），威脅的效力大約是承諾的兩倍，而爲其他影響模式的四倍。

然而，威脅具有副作用，而這副作用可能會降低其在管理上的實用性。其理由之一是威脅容易激起反威脅（Deutsch and Krauss, 1962）；因此，當你使用威脅時，隨時準備接受他人的威脅。其次，單單使用威脅時，無法提供足夠的資訊。也就是說，他們只告訴受影響者不去從事什麼行爲，可以避免受到懲罰。却沒有說明應該怎麼做才會得到獎賞。這就是爲什麼就長期而言，威嚇並不是一個頂好的策略。因爲它對行爲沒有正面的改善，只是去抑制一些不當的行爲而已。第三，有效的威脅必須具備一套監督系統。因爲當我們威脅他人時，他人會儘可能去掩飾沒有遵從的事實。如此，他們雖然沒有遵從我們的意願去行事，却希望藉這種方式逃避懲罰。若無監視系統，則威脅將失去其效果，因爲影響者無從偵察出受影響者沒有遵從的事實。

最後，也是最重要的一點，威脅具有不良的副作用。它不可單獨作爲影響他人的模式，因爲威脅促使被威脅者對影響者產生反感，這種反感通常會在反對影響者的顛覆活動中顯現出來。而這些活動必然會使影響者的工作無法順利進行，同時這些反對活動往往僞裝得很好，因此無法辨識其來源所在。Kipnis在一篇研究報告中指出，第一線主管在工作中採行的各種威迫方式，其中包括：「我罵他們！」、「我給他們口頭上的警告」，較爲嚴厲的則如：「我把他暫時停職」、「他被開除了！」（Kipnis, 1976, P.43）。

承諾（Promises）：

與威脅相對的是承諾，它是用來引發順從的正面陳述或行動。就誘發短期順從的效果而言，承諾不如威脅。事實上，在一般的管理環境之下，實驗的結果顯示，承諾的短期效果只有威脅的一半。但承諾却有較佳的副作用。第一，也是最重要的，承諾能夠引起他人的好感。實驗資料顯示我們喜歡獎賞我們的人（Lott and Lott, 1972）。第二，良好的承諾系統不需要監視機能，即可有效運作。受影響者會自行將其服從的事實呈現出來，因爲唯有這樣他才能得到獎賞。第三，承諾的效率較威脅爲高，因爲它指明了影響者想要鼓勵的行爲，而不是只指出他想要抑制的行爲。

或許運用强硬的影響策略的最佳方式，是將威脅與承諾配合使用（Ring and Kelley, 1963）。將上述兩者明智的加以配合使用，可使被影響者知道那些行爲是不被允許的，那些是會受到懲罰的。同時他會受到承諾及可能的獎賞的鼓勵，而表現出影響者所期望的行爲。此外，聯合策略中的威脅手段，通常也能激發高度的服從率。

然而吾人不可忽略權力之使用對其使用者的影響。Barry Schlenker and James Tedeschi (1972) 以大學生爲對象，做了一個有趣的實驗。結果顯示，影響者可使用的强硬影響的種類，決定了其在一特定情況下的反應。他們讓受試者玩一項實驗性質的兩人遊戲。在此一實驗當中，我們將另一個人的行爲加以模擬，這樣他對每一位受試者的行爲才會一致。在 Schlenker 和 Tedeschi 的樣本中，有的受試者對另一個人只有獎賞的權力。也就是說他們可以對遊戲中服從的行爲，承諾並施以獎賞。而三分之一的受試者則只有威迫的權力，也就是倘若對方不服從時，他們所能做的只是威脅與懲罰。最後一組受試者同時擁有獎賞及威迫的權力。他們是用來與其它兩組做比較。Schlenker and Tedeschi 發現，只有獎賞權的受試者，所做的承諾較同時擁有獎賞及威迫權力的受試者爲少。而且，那些只擁有威迫權力的受試者所做的威脅，較同時擁有兩種權力的受試者爲多。Kipnis (1976) 據此認爲，倘若你在影響他人時，能夠使用的影響方式愈有彈性，那麼你將會儘量使用獎賞的權力，而儘可能少用威迫的權力。

溫和模式

强硬模式（威脅與承諾）與溫和模式（警告與建議）之區別非常簡單。在强硬模式當中，影響者直接承諾，被影響者則將以行動提供獎賞或懲罰。而在說服的或溫和的模式中，影響者則不對被影響者做任何提供獎賞或懲罰的承諾。它只向被影響者預言，亦即倘若被影響者遵從或不遵從某些囑咐的話，將會有獎賞或懲罰發生。美國衞生總署（Surgeon General）規定，香煙的包裝盒上必須要印有吸煙有害健康的警告。假如你繼續抽煙的話，衞生總署的人也不會找上門來，然後讓你染上可怕的疾病。像這種他們只是預言抽烟與有害健康之間，有某種程度的關係而已。

因此，整體來看，說服性的影響模式比强硬影響模式要弱得多了。一般而言，警告和建議的效果，要比强硬模式低得多。雖然這沒有確實的數據以資參考，不過一般估計，警告與建議在短期內，大約能夠達到百分之二十的服從率，而警告所得到的服從率較建議稍高。

警告是預言被影響者的行爲與懲罰之間的關聯的訊息。像香煙包裝盒上的警告就是一個例子。其他如電視廣告中，一個演員「預言」，我們若不使用某種洗衣粉，別人就會嘲笑我們，並對不乾淨的衣領唱一首短歌。這時，你也許已經看出來，決定警告效果的主要因素是預言者（影響者）個人的可信性。影響者由於某些權力基礎（如他的形象）而被信任的程度，決定其警告所得的效果。

建議是聯絡期望行爲與獎賞之間的正面訊息。在管理的應用上，經常被用來作爲說服的模式。所有的咨商、勸告，甚至大部分的績效考評制度，都是要使受影響者相信某些行動會導致更多、更頻繁的獎賞。然而，第一線主管通常對獎賞的施予沒有（或很少）控制權。他們只能預言良好的工作表現，與管理者的某些行爲類型似乎有相關性。除此之外，可靠性也是建議的重要因素。建議來源的可信度愈高，大家也就愈會認爲它是合理的。

操弄模式

操弄，在我們的社會裏含義不甚良好，它似乎不值得我們加以討論，但是，當我們在穿衣、化粧、做頭髮，甚或安排辦公室裏頭傢俱的擺設時，我們都在操弄。關於操弄，有許多大類可提出來討論。而操弄的影響（manipulational influence）指的是一種較爲精妙的影響方式。它在影響對方時，對方不會察覺到影響者有影響的企圖。操弄的影響可分爲三種基本類型：

第一種是生態控制（ecological control），這是建立一種環境以產生期望的行爲效果。據說，某公司的總裁特別留意在其辦公室內，除了自己的座椅外，不再放置其他的椅子，以減少訪客的談話時間。同時由於訪客沒有椅子的緣故，必須像個乞丐似的侷促地站著，期待總裁的回答。從非語言的行爲心理學中，吾人得知辦公室的擺設，對室內的行動有很大的影響。如果你對傢俱的安排，使得訪客必須隔著辦公桌與你面對面地洽談，那麼衝突、互動時的一些形式，和社會距離都會極大化。但是，假若你在辦公室的一角，安上一些不太正式的長沙發和座椅，那麼你就可離開你的辦公桌，或者即使不能離開，也可以降低辦公桌的阻隔效果。透過對生態的控制，環境會對人產生某些作用。而透過對環境的安排，人們便可處理其所要的結果。

第二種是迂迴控制（roundabout control）。對於曾經迷戀過異性卻不知如何是好的高中生而言，在這種情況之下，一個常用的迂迴策略是：肯定地告訴那些饒舌的人，你正愛慕著某某人。如此一來，你所愛慕的對象必然會明瞭你的感受，而你卻仍舊保持局外人的角色。迂迴控制意謂影響者藉助於第三者的介入而影響他人。像無意中聽到的對話、走漏消息等等，都是迂迴控制的例子。這種方法最主要的好處是將影響（力）的溝通與其來源，加以隔絕，以增加其可信度。因此，一般無法直接達成的目標，往往可以透過這種流言的操弄而完成。例如，你到處去散佈謠言，說你即將加入競爭，而這種話由第三者來傳達，可能比你直接地說更能令人相信。

最後一個操弄模式是線索控制。想要利用這種控制來影響別人，必須要對被影響者過去的歷史有一些了解。假若你從過去的接觸中了解某些字眼可以引發某一同事的盛怒，那麼當他在會議中報告時，你說出這些看似無傷大雅的字眼，卻可能會完全打斷他的報告。或者假若你知道你的長官視某一風格的服飾爲穩重、可靠的象徵時，這時候更換一下服飾，對你可能會頗有幫助（Molloy, 1975）。

與影響有關的表示

最後一種影響模式是與影響有關的表示。它們與公開的影響行為只有微弱的關連。在此我們提出兩種來加以討論：反射性（reflections）與自我袒露（self-disclosure）。

反射性或再詮釋（reinterpretation）是利用談話中輪流的本質，來發揮其效果。基本上，影響者在輪到自己發言時，巧妙地以另一種字眼將對方的話語，予以再詮釋。這時，又輪到對方發言了，在大多數的情況下，他會揭露更多可以再解釋的訊息。這樣延續下去的結果，影響者在對話中從對方獲得很多訊息，自己却透露得很少。臨床研究的證據顯示，這種再詮釋可用以從他人獲致許多的訊息，同時人們通常對使用再詮釋的人予以正面及有利的評價。因此，你若想在對話中做最少的表白，却獲得更多資訊的話，那你只要換個字眼，重述他剛才所說的話，並鼓勵他繼續說下去就可以了。

自我袒露（self disclosures）也是與影響有關的表示之一種方式，不過它所使用的方法不太一樣。將自己個人的私事做自我的表白，會造成一種有趣的效果，也就是說它會鼓勵對方做相對的自白（Jourard, 1971）。從機場送行廳到醫療場所……等等不同地方所搜集到的證據指出，在對話中要讓對方表白他自己的最佳方法，就是先表白你自己。

與影響無關的行爲與影響的使用率

表８－１的最後一類是與影響無關的表示。它所顯示的是，並非生活中的一切事物都具有社會影響力。我們有許多的溝通並不是要去改變他人的行爲，以符合我們的意願。同時，我們也不應養成一種習慣，以爲他人總是多多少少帶有某種目的。問題、回答與敍述等，都是與影響無關的手勢。

關於各種影響模式，雖然在管理工作之中沒有較爲良好的資料，但是最近對其使用率卻有一些研究結果。Bonoma 和 Rosenberg (Rosenberg and Bonoma, 1976; Bonoma and Rosenberg,1978）對我們以上所討論的各種方式的使用率做了測量，然而他們的研究並不局限在管理環境當中。他們最大的一個研究，是對一羣接受治療的人所做的衡量。另一個研究所報告的資料，爲一九七六年 Nixon 總統、Haldeman 和 Ehrlichman 在白宮的討論錄音。他們研究在這些討論中，各種影響模式的使用頻率。這些資料在引證到管理環境來的時候，必須小心處理。我們提出上述資料，因爲就我們所知，這是關於影響力的使用頻率所僅有的資料。表８－２列示了我們討論過的幾種影響模式的使用頻率。從表中可以看出研究中所衡量的口頭溝通，有百分之四十五（政府機構）到百分之七十五（醫療場所）屬於社會影響的行爲。但也有一部分（百分之二十六到百分之六十四）是不會影響意圖的溝通。

整體而言，強硬模式的使用率僅佔所有影響模式的一小部分。相反地，說服的模式在這兩個研究中佔了所有口頭溝通的百分之十二到二十二。生態與迂迴控制的使用率，雖然無法測量，但

表8－2各種影響模式的使用與優點

模式	使用頻率	優點	缺點
威脅	3%	最高程度的服從	造成惡感，並需要監視
承諾	5%	產生好感，中度的服從	需要花費許多獎賞費用
警告	5～10%	使用者所花費的資源少	低度服從
建議	7～12%	使用者所花費的資源少	低度服從
生態控制	未衡量	看不出影響的企圖	使用受限制
迂迴控制	未衡量	眞正的影響者與影響的活動分離	使用受限制
線索控制	8～13%	直接賞罰	效果不佳
自我袒露	3～25%	引起相對的袒露	需要撒謊
反射性	4～6%	得到資訊，而無需回報許多資訊	沒有指導性
探詢	1～2%	需要特定的答案	會引起相對的質問
非影響性	26～64%		

線索控制在影響的訊息中却佔了可觀的比率。此外，自我袒露與反射性佔了影響模式使用率的百分之七到十三。對於這個研究的某些發現，並不需要感到驚異。因爲醫療場所（例如）是一個特別鼓勵自我袒露的地方。由於這些研究發現與管理生活頗有關聯，所以他們認爲，管理者應該會發現在他們的說服活動中，有許多時候利用操弄的方法，而對於與影響有關的表示則有中度到高度的利用率。至於强硬的模式，則較少使用。表8－2也摘要了每一種影響模式的優缺點。

複雜組織內影響力的組合

爲了清楚起見，上述各種影響模式的解說，均予以個別處理。同時，我們也假定在任何一次影響的企圖中，僅使用一種影響模式。然而，很顯然地，在個人之間複雜的互動關係當中，影響者可能同時使用好幾種影響模式。個人甚至可能會喜歡使用某些特定影響模式之組合。最近有些研究報告似乎證實了這種猜測。

William Perrault 和 Robert Miles (1978) 最近作了一項完整的問卷調查，研究公司內影響力的使用情形。他們的研究發現中，有兩項與我們的討論有關。第一是他們發現管理者使用影響力時，的確有特定的型式存在。這些型式是複雜的。通常包括好幾個策略。而其使用的場合，一般說來均在人際間的互動與衝突之中。除此之外，Perrault 和 Miles 還報告說：管理者所使用的影響策略組合，並不獨立於被影響者。相反的，Perrault 和 Miles 發現，使用不同影響策略組合的個人，多半會與他們想要影響的某種特定型式的對象，發生互動關係。因此，管理者所使用的影響策略組合與被影響者之間，似乎存在某種聯合作用。表８－３列示了 Perrault 和 Miles 的研究結果的詳細摘要。

Perrault 和 Miles 以 French and Raven (1959, 見第七章)所學的五種權力基礎作爲影響力的基礎。這些權力係：專家權、吸引力（參考權）、合法權、獎賞權、威迫權，基於複雜的分析，他們找出五種管理者所使用的影響策略組合。這五種組合的細節如表８－３所示。在此我們將其摘要如下：

●第一種組合：由無影響力的管理者所組成，他們對五種權力基礎的使用程度都很低。

●第二種組合：由極端依賴專家權力爲其影響型式的管理者所組成。依照我們的用語，他們是以其專業知識爲基礎的說服者。

●第三種組合：這個組合併用吸引力（或參考權力）和專家影響力，但對其他權力基礎則較少使用。依照我們的用語，這些管理者是在使用承諾（吸引力、獎賞和說服訊息併用），以有效地影響他人。

●第四種組合：由極爲仰賴專家權力以及參考權力的管理者所組成。此外，他們也非常仰賴他們在組織中的合法權。

●第五種組合：由高度使用所有 Perrault 和 Miles 所衡量的影響模式之管理者所組成。

Perrault 和 Miles 的第二個發現更爲有趣。他們發現這五種組合，似乎與管理的上司（被影響者）的性格相互呼應著。因此，第一種組合（非影響者）似乎均發生在一種特定的組織結構

表8-3 複雜組織中的影響策略組合：影響策略組合與被影響者之間，關係的摘要敘述。

影響策略組合	影響者	被影響的上級的特性
I	這些非影響者使用最低程度的專家權、參考權，和外界控制影響力，他們在職位權力，印象管理策略的內部控制之使用也不高。	這些獨立的同僚，並不控制獎賞但卻傳達明確的角色期望與評估，在這雙邊關係之間，有強而有力的人際關係。
II	這些專業的影響者極爲仰賴專家權，但在其它影響策略的使用則相對的減低。	這些孤高的上級，多半有較高的權威，同時對報酬也有較高的控制力。但在功能上獨立於焦點人物，在人際關係上也沒有什麼牽扯。
III	這些參考的影響者，使用較高的參考權和專家權，但不太使用其它的策略。	這些相似的上級有較高的權威，但存在有人際關係，同時功能上無法獨立，他們提供明確的預期與評估回饋。
IV	這些職權的控制者，極爲仰賴他們正式的職權，同時也使用許多的專家權與參考權，這些策略的印象管理的層次較低。	這些單純的部屬有較低的權威，同時對獎賞的控制也沒有什麼控制力。而兩者之間的關係，則爲功能上的依賴，以及強有力的人際關係。
V	這些多重策略的影響者，在他們對印象管理策略的內外部控制的使用，較爲特出，同時他們對其它影響策略的使用也較多。	這些變化莫測的小人對於他們的期望與評估性回饋是曖昧不明的，同時他們與焦點人物的人際關係是微弱的。

中，在此同僚間互相獨立，對於獎賞也缺乏控制權。而第五種組合（多重策略組合）似乎只是「變化莫測的小人」的產物。表８－３的第二欄列示策略組合與被影響上司的性格間的關係。

Perrault 與 Miles 的研究有一項重要的限制，那就是：他們所研究的是公司內向上的影響，也就是管理者對其上司的影響。因此，我們必須將我們在此得到有關影響策略組合的知識，限制在這種情況之中。畢竟我們還不能確定，當所要影響的對象是同儕或部屬時，會不會出現同樣的組合？

Kahn 和其同事對此作了一項研究，並由 Kipnis 加以整理出來（1976, P.36–47）。Kahn 詢問管理者，他們能夠使用各種影響工具去影響各個對象到什麼樣的程度？受測者的回答不外是上司、同僚，或部屬。

表８－４所示為 Kipnis 所整理出來的訪談

表8－4　Kahn1964年的研究：誰用了什麼影響

影響模式	高級主管	中級主管	同儕	部屬、
1.合法權	4.6	4.3	2.3	1.6
2.獎賞權	4.0	3.7	2.2	1.5
3.懲罰權	4.1	3.6	1.3	1.3
4.專家權	4.1	4.1	4.1	4.1

尺度：1:5＝最不能使用：最能使用

結果。而可供受測者選擇的影響工具，仍然是French和Raven的合法權、獎賞權、威迫權，和專家權。Kipnis發現，從資料可看出使用不同影響策略組合的能力，隨著其在組織中的層級高低而有所不同。如表8－3所示，高級主管在使用影響力時，似乎比其部屬更有較大的幅度。另一方面，當影響力決定於個人的能力時（譬如某方面的專才），他在組織內的階級，似乎沒有造成什麼樣的差別。

這些資料指出：⑴組織中所持用的影響力模式是複雜的。⑵個人所能使用的影響力模式之種類，視其在組織內的地位而定。

與影響力有關的因素

影響的企圖及策略組合的成功與否，分別受組織環境的本質（請參考第十四章）、參與者（參考第三章）、相關個人的過去歷史、現在的關係（參考第七章），和一大羣其他變數之影響。讓我們討論一下其中三種最顯著的變數：受影響者的因素、影響者的因素，和他們現在的關係。

受影響者

影響者對被影響者的特質的認知，在決定採取那一種影響策略時，是非常重要的。例如Kipnis和Lane（1962）以及Kipnis和Constantino（1969）要求來自企業界和美國的海軍主管，描述最近一次需要糾正部屬行爲的事件。他們進一步要求這些管理者說明問題的細節。然後要他們報告他們所採取的行動。所得的結果列於表8－5，從表中可以看出主管對於工作不良所知覺的原因，決定了他所採取的影響模式之種類。如果他認爲部屬缺乏動機，那麼權威與威迫就可能被用來做爲影響的策略。但是當部屬缺乏能力時，只有訓練和權威的影響企圖被考慮。此外，對於複雜的問題，主管也會配以複雜的影響企圖。當問題同時牽涉動機、能力，和紀律的時候，主管們聲稱他們使用了許多不同的影響技巧，以求獲得服從。

除了影響者對問題的知覺之外，羣體過去的歷史或其組成，在決定使用那一種影響模式時，或許也是重要的因素。已經有許多研究發現：當管理者與其部屬間的互動關係惡化到可能產生反抗的時候，他們比較可能採用晉升、加薪，或其他方式的獎賞。（Goodstadt and Kipnis, 1970; Kipnis and Vanderveer, 1971）因此，Kipnis（1976）推測：在管理上我們可能會使用獎賞做爲補救措施，而在情況相當惡劣的時候，去撫慰他們，去防止他們反抗。

第三個因素是影響者與受影響者所運作的社會環境（social context）。假若只有某員工不聽從指揮，而其他員工都是順從的、優秀的工人時，社會環境就能發揮作用。然而，倘若工人之間普遍存在著不滿足、不服從，與不愉快，那麼任何對影響的抗拒都會因著與其他人的比較而淡化，這時又該如何呢？在Kipnis（1976）的一項研究中，他要求受測者監督幾個由四位部屬所組成的羣體，然後對他們的加薪與否提出建議。其中一個羣體四個人都極爲服從指揮。第二個羣體裏，有三個服從命令，另外一個人却把管理者的命令當作耳邊風，視若無睹似的。結果顯示，第二個羣體的三個服從的工人，所獲得的加薪大於第一個羣體內同樣服從的四個工人。顯然地，一個離異常模的同事，很可能會使其他人的表現看起來格外的優異。因爲他讓管理者明白，事情可以糟糕到什麼樣的地步。

最後，受影響者的內在因素，對於他對影響企圖的反應，也有重要的關係。一般認爲，自信心和自尊心兩個因素，在影響的過程中，有循環性的作用（Tedeschi, Schlenker, and Bonoma, 1973）。受影響者的自信心愈低落，他愈會接受任何影響的企圖。同理，受影響者的自尊或自我

表8－5部屬抗拒的症狀與克服的方法

影響模式	工作不良的原因			
	缺乏動機	缺乏能力	缺乏紀律	
討論	Y	N	Y	Y
額外訓練	N	Y	N	Y
生態控制	N	N	N	Y
合法權力	Y	Y	Y	Y
威迫權力	Y	N	Y	Y

註：Y＝Yes，用了
N＝No，沒有使用

價值感愈低，他也就愈能接受影響。本質上，受影響者對影響的反應，至少決定於幾個因素：管理者運用某種影響力的原因、服從或不服從時所處的社會環境，以及自信、自尊等人際關係。

影響者特質

當我們在討論那些促成影響策略成功或失敗的影響特質的時候，我們所討論的事實上就是權力與影響力的差別。換句話說，任何會促進我們影響企圖的效果的特質，都會使影響者（依照定義）更爲有權力。我們在第七章中已經討論過這些權力基礎：專家權、吸引力、合法權或地位，可用資源的掌握（使用於獎賞和威迫企圖）和影響者的技能（使用於專家影響企圖）。雖然研究證據複雜而冗長（請參考 Tedeschi et al., 1973），但下列關係，大致說來是成立的。

- 影響者在合法的角色階層中的地位愈高，那麼他所有的影響企圖可能被服從。
- 對影響者有利的特質愈明確，他受人愛戴的程度也愈高。同時，除了威迫之外，他所使用的每一種影響策略也都較爲有效。
- 影響者所掌握的可用資源愈多，其所使用的影響策略均較爲有效。
- 影響者的專業技能愈高，他所使用的任何影響策略都比較可能成功。

有關專業技能最有趣的是：影響者即使對超出他專業技能的領域以外的事物，也有一般性的影響力，例如，一位在某方面有高度技能的影響者，對其他超出其專業知識以外的事物，亦常有其影響力。似乎在專業技能並非主要因素的地方，對可信度有某種類化的情形，人們一遇到專家權力時，只有服從的份了。此外，掌握可用資源，不僅使影響者成爲一個有力的獎賞者與懲罰者，同時也使他成爲一個有力的說服者。

上述每一個特質，都有它獨特的月暈效果（halo effect），這使得影響者不論使用什麼策略，都能產生良好的效果。

權力的關係

兩個人之間，基本上有三種可能的權力關係。就資源而言，我們可能比其他人有較强、較弱，或者相等的權力。Bonoma 將其理論化，認爲上述每一種關係都會產生一種極爲不同的影響企圖和反應的類型。

如前所述（表8－4），獎賞或威脅對我們的上級，都不是一個適當的策略。如果我們想要影響他們，最好採用說服的方式。當我們在比較說服模式和强硬模式的影響效果時，一般說來，我們會認爲對於那些權力比我們强的人，說服的模式較爲有用，而其它的權力關係，則以强硬的模式較爲有用。

當我們比受影響者還要强的時候，所有的影響模式都可以使用。然而，就像前面我們所提過的，每一種策略都會有它的副作用。因此，我們必須面對底下這些難題（特別是部屬共事時）：我們要容忍到什麼樣的程度？我們要提供多少獎賞？什麼時候說服和咨商是較爲適當的模式？……等等。但是在他們比我們弱的情況下，基本的問題並不是我們可以使用那個模式，因爲所有的模式都可以使用，我們關心的是：那個模式在這種情況下，最能發揮效果？

最後我們要討論，當我們的權力與他人相當時的情況。這裏，就好像我們與上司共事時一樣。研究結果（Faley and Tedeschi, 1971）强烈指出，威迫與獎賞的權力（强硬模式的影響）並不適於使用。這個理由很簡單，如果你想要獎賞或懲罰一個權力與你相當的人，你也會得到相同的獎賞或懲罰。當他人的權力與你大約相等時，這種情況會比較强烈，而威迫的影響也將毫無效力。畢竟，相互懲罰對誰都沒有好處，反而傷害了每一個人。因此，當我們與同儕共事時，我們最好將我們的影響模式限制在說服的、操弄的模式，以及與影響有關的表示。這些方法在協商談判時常被使用，它將衝突用許多行爲準則加以規則化。

權術或管理？

這個時候，你或許要懷疑上述諸多說法的道德性。因爲它將操弄與人類價值相提並論。它主張自利，它尚且提供一些達成目標的技巧。關於這一點，讓我們由下列三個觀點來看。

首先，（我們希望你已經接受）權力、衝突，和影響力不只是社會生活中的權術方法，人類是自私的，人們的確與他人互倚互賴。因此我們往往會與他人發生衝突。而影響模式只是解決衝突的方法罷了。就好像刀子、螺絲起子，或電話一樣。它可能是好的，也可能是壞的。在使用者的手中，這些工具都可能被用來達成良好或邪惡的目的。影響模式也是一樣的，衝突並非邪惡，它無所不在，如果你不去應付它，它就會來對付你。

第二個觀點與影響策略的道德性比較有直接的關係，馬基維利（Machiavelli）這個名字，在我們的社會中，往往與利己的操弄和不仁道結合在一起。但是，在你接受這個觀點之前，我們建議你先去讀一讀他在十六世紀時所寫的「管理」教科書——君王論（The Prince）；我們認爲你將會同意，它是一本有趣的書。它談到了强硬的影響模式，也討論了其他的模式。最重要的一點是：影響力的道德與否，在於使用者和接受者，而不是工具本身。由於擔心工具可能被不道德地使用，而不去對此一工具做瞭解，很可能會讓那些沒有道德、沒有這層憂慮並願瞭解這些工具的人，更有辦法以一種不道德的方式，處理一些問題狀況。

最後一點是權力的行使，的確會有一些負面的因素產生。Kipnis (1976) 對運用權力的後果提出了一連串的事件，他稱其爲權力使用的「著魔效應」（metamorphic effects）。底下摘要列出他對經常使用權力可能造成的改變，所提出的看法。

1. 如果我們掌握了資源，我們就會去使用它們。
2. 我們使用它們，事情便解決了。
3. 我們開始相信，我們改變了受影響者的行爲。
4. 我們會貶低受影響者的能力。

5.我們會與他保持一段社會距離。

6.我們會認爲我們比他優越。

基本上，他的理論大概是這樣的：最初，我們會去使用我們所擁有的資源，如果我們利用資源來影響他人，而這個策略也發生作用的話，那麼我們就很容易相信，是我們造成了他的服從行爲。因此，我們便開始貶低受影響者的能力。同時抬高自己產生行爲改變的能力。當我們貶低受影響者的能力時，我們便開始與他保持距離。最後導致我們相信，我們比受影響者優越。

摘要

本章與第七章都强調現實（reality）的基礎是社會的。當本質上是自私的個人，發現他們正與其他人在一個資源不足的世界中比鄰而處的時候，社會衝突便是常規，而不是例外。因此，我們必須要體認的是：解決衝突的企圖對他本身有利，並且會與他的目標一致。影響的技巧（用來解決衝突）稱爲社會影響模式。

影響的模式有三種，另外還有一組與影響有關的技巧。威脅與承諾總爲强硬的影響模式。雖然它們比其它的影響模式有效，但它却有較多的副作用。溫和的模式由警告與建議組成。它是由影響者預言，受影響者的某些行動會導致某些正面的或負面的效果。操弄模式所依賴的是受影響者的毫無知覺，它包括生態控制、迂迴控制，和線索控制。與影響有關的行爲大部分是策略性的資料搜集工具，它包括反射與自我袒露。上述每一種工具在不同的情況下，各有其適用性。同時對於影響者與受影響者產生了不同的作用。

影響效果的好壞決定於許多因素。但是本章只討論了三個因素。第一是影響者對受影響者不服從的原因的認知。研究報告似乎指出，我們愈是將不服從的行爲歸因於動機不良，我們愈會使用威迫的手段。第二個因素是羣體所處的環境。各種研究證據指出，羣體的成員愈是服從，那麼不服從的個人愈會顯得突出，因此管理者就會把焦點放在這個人身上。第三個因素是受影響者個人的特質，也就是自信心與自尊心。

最後，我們討論影響力和權力是不是會對影響者和受影響者，有不良的作用。雖然各方意見不一，似乎仍有一個強有力的理論主張——使用權力會有一些不良的作用。有一點很重要，必須記得的是：影響的技巧只是工具而已，它們的好壞完全要看管理者如何應用了。

本章參考書目

Bonoma, T.V. "Conflict, Cooperation and Trust in Three Power Systems." *Behavioral Science* 21 (1976): 495–514.

Bonoma, T.V., and H. Rosenberg. "Theory Based Content Analysis: A Social Influence Rating System." *Social Science Research* 7 (1978): 213–56.

Bonoma, T.V.,and J.T. Tedeschi. "On the Relative Efficacies of Escalation and Deescalation for Compliance–Gaining in Two Party Conflicts." *Social Behavior and Personality* 2 (1974): 212–18.

Deutsch, M., and R.M. Krauss. "Studies of Interpersonal Bargaining." *Journal of Conflict Resolution* 6 (1962): 52–76.

Faley, T., and J.T. Tedeschi. "Status and Reactions to Threats." *Journal of Personality and Social Psychology* 17 (1971): 192–99.

Goodstadt, B., and D. Kipnis." Situational Influences on the Use of Power." *Journal of Applied Psychology* 54 (1970): 201–207.

Jourard, S.M. *Self—Disclosure.* New York: Wiley Interscience, 1971.

Kipnis, D. *The Powerholders.* Chicago: University of Chicago Press, 1976.

Kipnis, D.,and J. Constantino. "Use of Leadership Powers in Industry." *Journal of Applied Psychology* 53 (1969): 460–66.

Kipnis, D. and W. P. Lane. "Self-Confidence and Leadership." *Journal of Applied Psychology* 46 (1962) :291–95.

Kipnis, D.,and R . Vanderveer. "Ingratiation and the Use of Power." *Journal of Personality and Social Psychology* 17 (1971): 280–86.

Lott, A.J., and B.E. Lott. "The Power of Liking: Consequences of Interpersonal Attitudes Derived from a Liberalized View of Secondary Reinforcement." In L. Berkowitz (ed.), *Advances in Experimental Social Psychology.* Vol. 6, pp.109-149. New York: Academic Press, 1972.

Machiavelli, N. *The Prince.* New York: Mentor Books, 1952.

Molloy, J.T. *Dress for Success.* New York: Wyden Books, 1975.

Perrault, W.P., and R.H. Miles. "Influences Strategy Mixes in Complex Organizations." *Behavioral Science* 23 (1978): 87–98.

Ring, K., and H.H. Kelley. "A Comparison of Augmentation and Reduction as Modes of Influence." *Journal of Abnormal Psychology* 66 (1963): 95-102.

Rosenberg, H., and T.V. Bonoma. "An Empirical Analysis of the White House Tapes." *Working Papers.* University of Pittsburgh, Graduate School of Business, 1976.

Schlenker, B.R., and J.T. Tedeschi. "Interpersonal Attraction and the Exercise of Reward and Coercive Power." *Human Relations* 25 (1972): 427–39.
Tedeschi, J.T., and T.V. Bonoma. "Power and Influence: An Introduction." In J.T. Tedeschi (ed.), *The Social Influence Processes*, pp.1–49. Chicago: Aldine, 1972.
Tedeschi, J.T., B.R. Schlenker, and T.V. Bonoma. *Conflict, Power and Games: The Experimental Study of Interpersonal Relations.* Chicago: Aldine, 1973.

第九章　領導者與被領導者

「你竟然說我該做個領導者！我怎麼能做個領導者？我有十五個權限比我大的上級。工作時，我主要的夥伴和我是同級的，至於我的屬下，他們都穩居其位——對他們，我並不眞有什麼權威。我們主要的決策幾乎都是在委員會中投票完成的。在管理上，我有夠多的痲煩了，我怎麼能領導？你別開玩笑了！」

——領導才能發展研討會某學員

任何人只要盡力去謀求有權的職位，他們的生活中便會有濃厚的領導色彩。只要是有組織的地方（它需要一羣人的協調行動），不論正式或非正式，都需要有人來領導。同樣，也需要一羣被領導的人，透過這些人睿智地服從，才使得領導這個角色發揮作用。

本章是有關領導的一些概論，及在領導中，可能發生的一些特殊問題，尤其是在公司組織中領導上的問題。本章將再探討領導行爲上的一些因素，並提供你一些在你的個別狀況中，適用可行的管理原則。

論及領導，被領導者的重要性是這個題目的主要部分。任何人都不可能成爲領導者，除非其他人存在並願意被領導，除非促使他們服從領導的方式是正確的，情況也是有利的。因此，本章將覆述一個基本敎訓：你是一個怎樣的經理，又會變成一個怎樣的經理，除了你本身做的對與錯之外，其他人的知覺和行爲，及外在的情境，都是極爲重要的決定因素。

首先，我們要探討一下領導的意義，然後再看看一些研究者提出來闡釋領導的主要理論。同時，既然討論領導時不可能不涉及被領導者，我們也將看看不同的領導風格，對被領導者的行爲，會產生什麼樣的效果。最後，我們再看看環境因素會對一個正式組織中的領導者，有什麼特殊的影響及阻礙。

領導者與領導

由於領導與領導者對於社會組織有著舉足輕重的重要性，歷史上頗不乏這方面的分析研究。

在理想國一書中，柏拉圖描繪出領導者的三種典型。他主張由哲學家皇帝來治理國家，而商人居於最低一級，作用是供應人們物質上的需要，以滿足他們較低層次的需求。英文中「領導」一字，最晚也是自1300年起便爲人們廣泛地使用（牛津英文字典,1933）。領導手册（Stogdill,1974）則是收集有關這個題目的一切出版資料，共滙集了超過五千種有關領導的書籍與文章。這裏我們只能選擇幾種有關領導最好的著作來加以評論。然而，有幾位大家的理論在管理學中是極爲重要的：Fiedler nd Chemers（1974）, Blake and Mouton（1964）, McClelland（1975,七、八章）。

你或許會以爲我們對領導所知已相當多了，實際上，除了少數幾個領域以外，情況並非如此。有關領導的種種，我們所知固然很多，但大部分是含糊、消極的，而其他的又不能幫助你解決日日不同的管理問題。我們對於領導僅有的大膽假設就是，領導的運作方式至今仍沒有一個能爲人普遍接受的定論，因而也沒有任何一套理論是能被一成不變地應用在所有的情況裏的。事實上，對於領導者到底是什麼，就有許多不同的解釋。

在爲領導者或領導下定義時，所遭遇的主要問題在於你分析羣體組織時的著眼點何在。舉例來說：Carter 列舉了五種定義領導與領導者的方法。其中包括了社會評鑑觀點：要求這羣體選出一個最爲人喜愛的成員；名望的觀點：由這羣體提出一個其中最像領導者的成員；及羣體目標觀點：即是最能夠使這羣體達到其目標的人便被喚爲領導者（Carter,1953）。然而，這最爲人喜愛的成員可能不最像領導者，而這最像領導者的，可能並不能使這羣體達到其目標。

也許「領導」和「領導者」最好的定義便是社會影響力。（見第八章，或Tedechi et al.,1973）領導者便是在羣體表現中最具影響力的人。當一個羣體的成員爲了一個共同的目標而從事於不同的工作時，領導者便引領、協調、監督他們。而領導便成爲此人運用其影響力於他人身上時，所表現出來的行爲、人格與情感模式。

然而，爲了要達到我們的目標，這個定義是有若干限制的。第一：這種影響力必須是積極的（Shaw,1976）。也就是說領導者必是一個有心將其特定影響力施及羣體的個人。一個人可藉其惹人討厭的行爲，甚或是令其所屬羣體執行一些與原定目標背道而馳的行動，而對羣體產生極大的影響力，但這種影響力不是積極的，而且也不配被稱爲是領導。

其次，領導雖然包括計劃、協調、控制及監督等，但領導並不就是管理的同義字。把管理視爲組織中領導角色的正式化是正確的。但是我們必須記住領導者可能同樣存在於非正式的組織中。這些非正式的領導者常常並不是組織中被任以正式經理角色的人，而被正式賦予領導者角色的人，也不見得個個能夠有效地領導。所以，認爲所有的領導者同時也是經理是不正確的，而認爲所有的經理同時也是領導者也不是正確的。

雖然我們已從社會影響力的觀點，爲領導者與領導下了定義，但實際上我們才剛剛開始而已。除了這個廣泛的定義之外，我們還必須知道這種影響力是如何運作的。是不是有某些人較他人更擅於做領導者呢？領導策略是不是一定得因羣體狀況而改變呢？對於一個羣體的行動，怎樣的行爲才能和高度影響力相結合呢？現在我們的話題就要轉向有效影響力的形成因素與其他相關事項。

研究領導的三種觀點

研究領導有三種傳統的觀點：特質的觀點、行爲與功能的觀點，及情境的觀點。我們將簡短地評介一下這三種觀點；並不是把它當作功課，而實在是因爲這三種觀點，都說明了領導者之所以能具有强大的影響力的部分原因。同時，沒有一種學派的思想是能把全部情況概括無遺的，因爲各個觀點對於領導所劃分的層面都有不同。

你也許還記得我們在討論人格時，曾提及特質與情境兩種對立的觀點（第二章）。其間的爭執在於行爲發生的原因主要是由於（也有人說「絕對是由於」）先天與後天學習而得的性格（即特質），亦或是由外在環境（即情境）所造成的。這兩種觀點不僅一直被人們用來解釋人格，也常被引用來解說領導。總之，特質觀點以爲偉人——領導者是天生的，而情境觀點則認爲時勢可以造英雄。

現在我們要探討的第一個觀點——特質觀點，是最接近於上述偉人天成的觀點。其次，行爲風格的觀點則居於特質觀點與情境觀點之間。情境觀點則是三者之中最着重環境的。你必須自己來決定那一種說法是正確的。首先，讓我們先來看一下有關特質——情境此一爭執的一些證據

（範例9－1）。

範例9－1　偉人觀點

偉人是天生的

Stogdill（1974）發現了一些事實顯示「領導者的特質與其地位之關聯」的確是存在的。除了文中引據的一些例證外，一般說來，領導者在社會適應力、毅力、創造力、自信心，合作及處理事務的能力，各方面都優於羣體中的普通成員。R.D.Mann（1955）的結論則是人格和領導地位之間的確是存在著相當的關聯。智慧、適應力、外向的性格等，都是常被視爲與領導有關的。

偉人不是天生的

Fiedler（1966）曾對比利時的海軍做了一個取樣頗廣的試驗（共有九十六個三人小組）。每個小組都被賦予四個任務：寫一封招募新兵的信，爲船隊設計一條最短的路徑，不出聲地來教其他的人如何分解與組合一種武器。各項得分成績經統計後，被據以推測，是否一個擅長某一項的領導者也同樣地在其他項目上，有優秀的表現。結果是很少人能做到這一點。

Knoell and Forgays（1952）的研究則顯示，韓戰中的轟炸員在雷達轟炸和目視轟炸的成績並不太一致，雖然二者的性質極爲相似。

以特質的觀點來研究領導

領導的最早期研究提出了一個問題：當某甲在某種狀況中無法成爲領導者的時候，爲什麼某乙却在同樣情況中成爲一個成功的領導者？是不是有些偉大的人天生就是領導者？早期研究領導傾向於將那些持久的人格特性(即特質，見第二章）獨立起來，認爲是這些特質使得某些人能成爲領導者，而使得其他人只能做被領導者。在1920和1930年代，進行了數以百計的此類實驗。領導者與非領導者的人格特徵及智慧等，都被提出來討論，以決定兩者之間的差異究竟何在。

對於此類研究的種種評介（見Stogdill,1974）所得的基本結論是：領導者並沒有在所有的情況中，表現出一致的特質類型。然而，從Stogdill所做的五千個以上的調查報告之中，我們至少有十五個一致而有利的證據，支持底下的通則：

領導者通常在下列各點上優於其羣體中的普通成員：

- 智慧(他比較聰明）
- 學識(他學業上的成就較高）
- 擔負責任時的可信賴程度
- 社會經濟上的優勢（他屬於中上或上流社會）
- 領導者所需具備的人格、特質及技巧等，常視其所處環境、情況的要求而定。

在研究領導者與特質的五十年當中，智慧一直被認爲是領導的相關特性。一個人越是聰明，他便越可能是一個領導者。但是這個簡單的結論也有兩個限制：第一、領導與智慧之間的關聯並不是特別强烈的——也有很多例外。第二、如果領導者與被領導者之間的智慧差距過大，產生的結果可能反而使領導一敗塗地。

對另外四種被視爲與領導有緊密關聯的特質而言，例外也是存在的。但是我們若是要爲一個典型的領導者所需的特質，做一個標準化的界定，結論如下：一般而言，領導者是聰明的，通常比被領導者聰明。領導者擅於學識方面的（即結構化的）工作，也較爲堅忍、謹愼。領導者是可靠的，可被託以重責。他相當合羣，略爲外向，活躍地參與他的社會團體。他通常是來自中上或是中上流社會。

然而，有許多研究似乎又指出好的領導在於情況而不是領導者的特質。同樣具有上述五種領導特質的兩人，却會在兩種不同情況中，顯示出不同典型的領導成效。

以行爲/功能的觀點來研究領導

特質觀點所强調的在於個人的特性及領導者的德性，而行爲觀點則著重於領導者的行爲模式，即領導風格。早期的研究歸納出三種不同的領導風格對羣體行爲所產生的作用：㈠專制型的領導者——以命令來領導成員；㈡民主型的領導者：他和專制型的領導者剛好相反，是採取讓羣體成員投票的方式來做決策；㈢放任型的領導者——他讓羣體有完全的自由，而將自己的參與減到最少的程度。（見 Lewin and Lippitt,1938）。

當行爲風格觀點逐漸取代了人格特質的觀點時，人們同時重新開始考慮領導的眞義。早期的研究是以領導者的典型活動爲研究的重心（Halpin,1966; Halpin and Winer, 1952; Hemphill, 1950; Likert, 1961,1967）。舉例來說，二次世界大戰後，有一個大型的研究計劃，參與其事的有 Rensis Likert 及密西根大學社會研究中心的其他成員。Likert 研究的目的在於希望能歸納出有效領導的原則與方法。

Likert（1961,1967）認爲領導是一種相對的過程。依他的看法，領導者必須能夠考慮到與他共事的被領導者的期望、價値觀及人際關係的技巧。領導者應該想法讓羣體成員感覺，他對他們的努力是支持的，他對他們的個人價値是尊重的。被領導者應被允許參與一些與他們的工作與福利有關的決策。領導者該運用其影響力來促進被領導者的工作表現及個人福利。羣體團結與生產的動機，應該建立起來，這要藉著提供其成員在其責任範圍內，決策與發揮創造力的絕對自由來達成。

在 Likert 以功能爲重心的研究中，可明顯地看出兩種領導風格：工作中心式的領導者及員工中心式的領導者。工作中心式領導者以嚴密的監督來確保其屬下用特定的步驟來完成其工作。工作中心式的領導者，其影響力是建築在高壓的統治、報酬及法權之上。員工中心式的領導者則認爲其屬下個人的升遷、成長及成就是重要的。他使用如授權、個人需求的滿足等技巧，來塑造這一種支持性的工作環境。Likert 及其他運用此種理論來做研究的發現顯示：員工中心式的領導者較工作中心式的領導者更能有效的影響其羣體的行爲。然而，同時也有其他的發現被提出來。（見圖 9－1）

圖9-1 管理方格

管理(1.9)：對人的需求相當體貼關注，造成一種舒適、友善的群體氣氛與工作步調。

管理(5.5)：如果能夠平衡兩種需求，既完成工作又使士氣維持在一個令人滿意的水準，充分的組織表現是可能的。

管理(1.1)：費最少的心力來完成工作，是維繫群體的適當方法。

管理(9.9)：工作乃由心存奉獻的人們所完成，把群體的目標視爲一種共同的利害關係；這種彼此的相互依賴能造成一種信任、尊敬的關係。

管理(9.1)：塑造一種使人性因素的介入減低到最小的程度的工作環境，來產生有效率的運作。

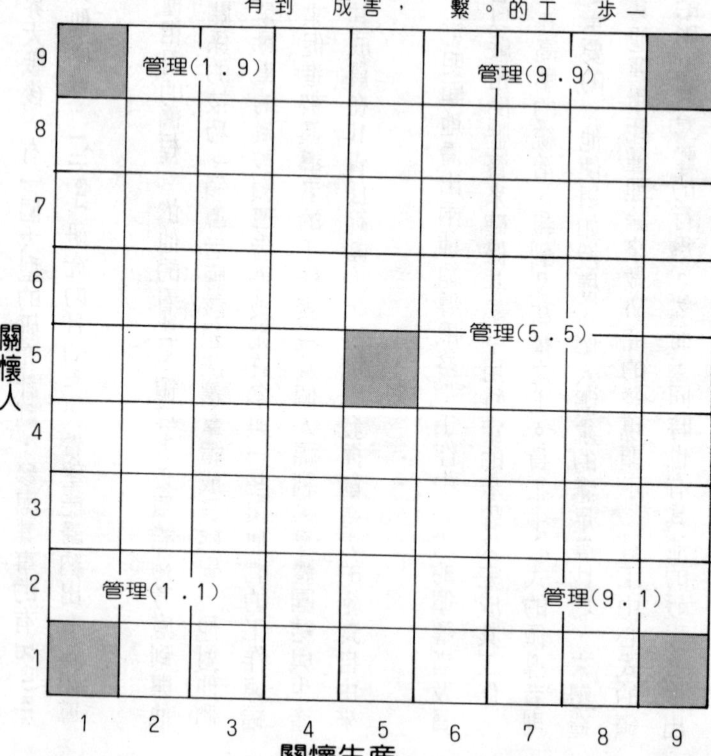

六十年代中，另一種廣受歡迎的研究領導行爲的方法產生了，即管理方格（Blake 和 Mouton,1964,1965）。繼 Likert 對領導與工作結構的研究之後，這種研究架構假設管理人員的態度可從兩種向度來衡量。縱軸代表對人的關心，橫軸則代表對生產的關心。一個領導者可能在兩軸上的得分都很高或很低，也可能在一軸上高，而另一軸上低。

對人的關心和對工作的關心可以是互補的，而相反的，也可能是互斥的。一個在兩軸上得分都高的領導者（9.9）在工作表現上成效極高，並能使被領導的人在其所致力完成的工作上得到發展，他能瞭解到相互依賴會造成彼此間的互敬與信任。生產導向高的領導者（9.1）會面臨人際關係上的困難；僅在對人的關心上得高分的領導者（1.9）有個愉快的工作環境，但可能無法完成工作。

Likert 和 Blake 在研究領導時，同樣使用關懷和工作結構兩種變數。Likert 的模式和 Blake 與 Mouton 的模式之間最大的不同在於後者的結論是：如果一個管理者能對其他人和生產兩者同樣關心重視，他便是一個較爲成功的管理者。然而由 Larson,Hunt 和 Osburn 於1976年所做的一個廣泛的實證研究却對此提出了若干疑問。他們發現高度關懷、高度結構化的領導型式和其他種混合的管理型態相較之下，未必能使部屬更滿意、滿足他們更多的需求，使他們表現地更好。Larson,Hunt,Osburn（1976）Nystrom（1978）最近的一個研究也顯示出相同的結果。

Nystrom 以一家大公司中一百個中級及高級管理人員爲研究對象。實驗的項目如下：(1)他們對於其主管的關懷和工作結構看法如何；(2)他們對於工作的滿意程度；(3)以同一個標準來看他們的主管和他們本身的需求實現程度如何，及(4)管理人員及上司當時的薪俸及資歷。然後他觀察了四種可能的領導風格（高關懷—高結構，低關懷—高結構，高關懷—低結構，及低關懷—低結構）。在滿意程度這個變數的變化情形，他發現：就許多他做的比較而言，一個僅僅運用其自發的工作結構領導者模式，可能和一個要求領導者兩項都很高的領導模式的預測結果同樣好。當更進一步檢視績效（需求的滿足、薪俸，及事業上的進展）時，對高關懷—高結構的領導模式所產生的疑問更多，因爲領導者的高度關懷可使其部屬產生更高的需求滿意程度；除此之外，這四種組合不同的領導風格，並不能對薪俸或是事業進展上產生任何可靠的影響。因此，最新的證據顯示，關懷可能是領導者所表現出來使其部屬滿意的最重要變數，但不管是高關懷或高結構都不能可靠地增進工作表現。

最後一個研究領導的例子是心理學家 David McClelland（1975,第七、八章）。McClelland 用許多年的時間來研究他所謂管理人員的「成就動機」（n Ach）及「權力需求」（n power）。他要求管理人員去看一張含義模糊的圖片，然後說一個有關這圖片的故事。最後他挑出這些故事中不同的主題。

首先看成就動機 McClelland 的發現中有兩點是相當重要的，一個和成就動機有關，另一個和權力要求有關。McClelland 的報告說高的成就動機和領導有關，但關係並不明顯。他的結論是：基本上，即使某人很起勁，想要更積極做更多事，但如果他的主管對新的嘗試有最後的決定權，他還是不可能做很多他想做的事（McClelland,1975）。換句話說，組織中管理人員的領導

（嚐試新的事物）和你能如何運用你的影響力（權力的需求）的關係較密切，而和你想做什麼（成就動機）的關係較小。

McClelland 認為有兩種不同的權力，個人權力（p Power）和社會化權力（s Power）。個人權力是主—從，與輸—贏導向的。具有高度個人權力的管理者，酒喝得很多，購用能代表聲望的物品，而且具有攻擊性。他們同時也是非常差勁的管理者，只比個人權力和社會化權力都小的管理者稍好一些。

而具有高度社會化權力的管理者則有很大的領導潛力，因為他們是藉由他人來運用自己的權力，而使他所領導的人也成為領導者。這種管理者從社會化的角度觀之是强有力的，能夠幫助其他的人共同一致地為組織的利益而努力。

各種行為/功能的理論之間雖有極大的不同，經詳細的檢視後，仍可歸納出若干共同的因素：

- 所有的理論都認為，領導者的領導風格在領導過程中是一個重要的變數。
- 不論是關懷對生產，或是關心人對關心權，每一種理論都是用廣泛的向度來定義領導風格。
- 綜合所有的理論，領導者主要的功用可說有二：

 指導（工作結構）

 支持屬下（關懷）

這些理論是從特質觀點的理論改進而來，然而卻不能掌握領導過程所有的複雜因素，而某些實證研究之可靠性相當可疑。這些理論只提出一系列的領導風格來替代特質，這些理論忽略了領導所必須面臨的巨大環境壓力；如在第二～八章中所言，對有效的管理而言，這些因素是非常重要的。正如特質觀點，這些理論也未能表示出領導者如何能有效地影響其羣體的全盤因素。

研究領導的情境觀點

情境觀點有廣義地綜合了特質觀點和行爲與功能的觀點。情境觀點主張：最好的領導者是能適應情況的，他能因應狀況、羣體和本身的價値觀來調整自己的領導風格（Bonoma and Slevin,1978）。情境觀點尤其認爲領導者對於羣體效能所能有的貢獻，要視本身的特質及情境對領導者的有利程度而定。當工作的情境非常有利或非常不利的時候，指揮性的領導是較爲有效的，當情況中的有利程度普普通通之時，非指揮性的領導則較爲有效。

某一典型的情境研究（Fiedler,1967; Fiedler and Chemers, 1974），首先將領導的風格視爲瞭解有效領導的基本構面。Fiedler 首先提出了兩種和我們先前曾評介的極爲相似的領導風格，一是關係導向的領導者，他重視被領導者與其本身之間良好的人際關係；一是工作導向的領導者，他專注於如何結合部屬的活動與關係來更有效地完成工作。

除了這兩種風格的領導行爲外，Fiedler 外加了三個可能影響組織表現的情境變數。Fiedler 說明了領導者的合法權力，即職位所予領導者正式的權威及支持，與領導者在使羣體其他成員服從他時所得助力的程度。他將工作結構定義爲，某一工作直接與明確定義完成步序的程度。

Fiedler 也强調領導者與其他成員間的人際關係，即領導者受其羣體成員信賴與喜愛的程度。

在一個連續的情境研究計劃中，參與者包括來自籃球隊到平爐廠的羣體，Fiedler 歸納出了在不同狀況中何種風格的領導最具成效。舉例來說：

- 在工作性質是高度結構化的（例如編訂預算），而領導者和成員間關係良好的情況下；或是工作是完全無結構可言（例如一個長期的策略計劃），而領導者和成員關係極壞的情況下，一個工作導向的領導者能有最好的表現。
- 關係導向的領導者處在混合性工作結構的情況中（如行銷策略）表現最好，在這種情況中，領導者對此羣體僅有普遍的影響力。

情境觀點的主要論點是，沒有任何一種領導風格是攻無不克的。領導者必須依據其所面臨狀況的型態，來採行不同的領導風格。或者說，改變領導者的環境也能促成更有效率的羣體表現。舉例來說：對於某一被任命的領導者而言，改變其工作結構、其所有權限，或其與羣體成員間的關係，都可能造成一個更有利或更不利的情況。

另一個晚期的情境理論是由House及其同僚所提出的（1971;House and Dessler,1974），一般將其稱爲領導的徑路——目標理論。這理論包含了兩個基本的主張（見Greene,1979），第一個是說領導者的主要作用是澄清其部屬的工作上的目標，指示出達到這些目標的工作方法與途徑，提供其部屬績效的報酬，要不就是促進其部屬對其工作本身的滿意度。第二個主張是說特定的領導者，用以達成其激勵的功能之行爲須視情況而定。另假設有兩種情況變數：部屬的特性及環境的力量，這些都是工作的性質。從這個理論可導引出一些較明確的假設，這是經過House及其同僚的實驗（例見House and Dessler,1974）及個別的確認（Greene,1979）。

一、一個工作是否爲高度結構化，會改變領導者行爲與其部屬的滿意度之間的關係。確切一點說：

A、當任務不明或是非結構化時，領導者的創制結構化的行爲，將相對地提升其部屬的滿意度。

B、當工作一開始就是高度結構化了的時候，領導者再創結構的行爲會導致其部屬的不滿；因爲隨之而來的嚴密監督與指導，會被視爲是多餘的。

二、在論及領導者行爲中的關懷時，發現了相反的結果。一個工作的結構化程度越高，同時領導者表現出特別的支持與關懷，則其部屬越滿意，也越能瞭解他們該如何去做份內的工作。

依上所述，我們可以明白，在下列的情況中，通常部屬們會有較高的滿意度，並且可能較清楚的預見他們該做些什麼：(1)當領導者爲一個非結構化、含糊的工作提供結構時；(2)當領導者爲一個結構化了、相當明晰的工作提供了關懷與支持的行爲時。當通往目標的途徑已相當明確（工作結構）時，欠缺的是關懷。當途徑不明時，領導者自應先提出結構來。

不巧的是，這理論中最爲重大的假設——工作結構越欠缺，領導者行爲與其部屬的績效之間的關聯越大——却未能在三個個別的試驗中被證實。最近的一個完整的試驗（Greene,1979）也未能在領導者所做的與部屬之績效間，發現任何支持途徑——目標關係的證明。因此，雖然一般認為這個理論能約略預測部屬的滿意情況如何，但它也如其他的嚐試一樣未能預測部屬的績效。

雖然Fiedler and House的模式在說明領導風格與情況間的關係上頗有助益，但我們現在還是要轉而研究另一個更近期發展出來的情境模式。這模式是專門針對管理者發展出來的，是爲了幫助他們執行有效的領導風格而設計出來的。

以管理爲目標的觀點來研究領導

Bonoma and Slevin（1978）注意到了「雖然已有許多規範模式被發展出來，而且也完成了不計其數的實證研究，但對一個身歷其境的管理者而言，要實行這些領導研究的建議，却是非常的困難。」爲了解決這個問題，他們發展出一種只有兩個變數的領導模式，來簡化管理決策上的困難，同時幫助管理者能像做其他的決策一樣，做出領導控制上的決策。範例9－2提出了一個典型的管理領導之兩難狀況。

管理者在面臨有效的領導風格上的決策時，只需要回答下列兩個基本問題：

1. 我從何處可以獲得我所要的資料？從一個領導者的觀點來看則是：我可以問誰？
2. 解決這個問題的時候，我該把決策的權威置於何處？或到什麼樣程度該由我本身來做這個決策？還是讓我的羣體來做決策？

這兩個問題包含了一般領導風格中資訊的取得和決策權限的兩個向度，這兩個向度如圖9－

2所示。

範例9-2　領導的兩難狀況

午後一點二十分。哈利與約翰．戴克會面，後者是公司的電腦專家。

「約翰，」哈利說：「在我們今天下午和艾傑頓系統公司做最後決定之前，得先決定一下終端機該放在那裏。你的意見如何？」

「我認爲一個可以放在金斯利的辦公室裏，另一個放在奧斯格的辦公室裏，還有一個放在倉庫裏。」

「那華特呢？」

「我想他不需要。」戴克答道。

「他說他需要。」

「我知道，不過他可以從奧斯格那裏得到他要的資料。」

「好，謝了。」哈利說。

戴克離開後，哈利很爲沒有足夠的時間與資料來源，來做個聰明的決定而煩惱。他很願意自其幕僚中得到更多的資料，並和華特及奧斯格密談一下，但同時他也擔心一向對地位極爲敏感的華特會因他沒有終端機而奧斯格却有而感到屈辱。

「要這個新的生產管制系統順利地運作，我必須能得到同僚的支持。」他想，「要是讓他們參與這個決策當然很好，到時他們便會心甘情願的支持了。但是，天啊！就是沒這個時間啊！想來只有照我以往的做法了：先做了然後再滿足人的因素吧！」

Source: From *Executive Survival Manaual* T.V. Bonoma and P.P. Slevin, CBI Publishing CO., Inc. 51 Sleeper St., Boston, Ma, 02110,1978, Reprited with permission.

由於其刻板印象上或是實用上的重要性，若干理想中的點顯示在圖9－2上。這些可供選擇的領導風格說明如下：

- 專制（10、0）這個位置所代表的管理者之刻板印象是，自其羣體中吸取極少或是根本不吸取任何資訊，同時他獨自做管理上的決策。這也許會使你想起噴射機駕駛員。
- 諮商型的專制（10、10）這個位置代表的管理風格是，來自羣體成員極其廣泛的資訊投入，但是正式的領導者保留了所有實質上做決策的權力。總裁諮詢的模式便屬此類，他先聽取所有可供諮詢者的意見，

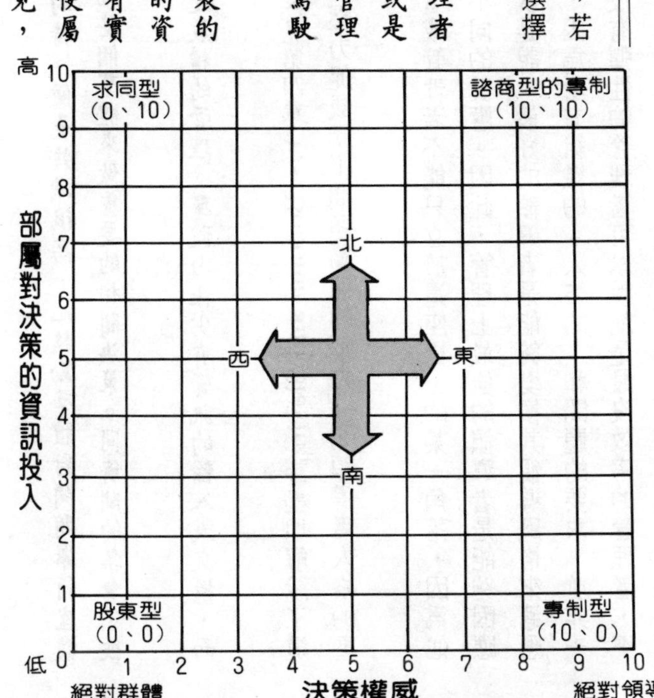

圖9-2.Bonoma-Slevin的領導模式

然後退出，以做其最後決定。

- 求同型的管理者（0、10）這種管理的特性便是共識很高，他鼓勵羣體對問題舉行座談（資訊的輸入），他同時也允許並鼓勵整個羣體來做重要的相關決策。同儕間的集會、彼此屬同一階層，常使用此種方式。
- 股東式管理者（0、0）這種管理風格是最糟的管理。羣體內極少有資訊的輸入或交換，而羣體本身就擁有做最後決定的權力。

繼 Vroom and Yetton 的研究之後（1974,見第四章），Bonoma and Slevin 詳盡地解說了這個基本模式，說明了圖中的移動如何由若干壓力促成：⑴問題屬性的壓力；⑵領導者人格的壓力；⑶組織／羣體的壓力（見表9－1）。

這個模式的論點在於一個有效率的領導者或管理者不能只立於這座標上的某一角落，因爲他面對著不同的困難和壓力，而每一種都需要不同的反應。因此，管理上最佳的領導者是能夠因應困難或是組織的要求而向各方向游動的。也就是說，最好的領導者是能夠變換其領導風格來適應困難的。以此觀來，領導風格無所謂「最佳」，因爲所有組織的、人格的，和問題的要求，並非一成不變的。因此在許多的羣體事務上，一個沒有彈性的管理者可以說就是最沒效率的管理者，不論他是以關係或是生產爲導向，還是以工作或是人爲中心，不論他是一個有權力或無權力的管理者。一些對管理者的研究，初步結果均支持此一模式，但更正確的評斷則有待進一步的試驗。

情境觀點首先整合了領導風格與情境，這兩個決定羣體效能的因素，其未來發展是未可限量

表9—1　領導型態的三種壓力

1.問題屬性的壓力	領導方格上壓力的方向
●領導者缺乏相關資訊，問題本身含糊不清。	北——需要更多資訊。
●領導者無充分時間來做決定。	南和東——意見的一致和資訊的取得須要時間。
●決策對於群體有決定性，極為重要。	北——儘量取得資訊。
●決策對於領導者個人非常重要。	北和東——最大的個人的控制力與資訊。
●是結構化了的問題，或僅是例行公事。	南和東——花費最少的時間在決策的制定上。
●部屬對決策的實行是成功的重要因素。	西和北——須有資料的輸入和彼此的協調。
2.領導者人格的壓力	**領導方格上壓力的方向**
●領導者對權力的需求甚大。	東——最大的個人控制力。
●領導者對親密關係的需求大，且是以人為導向的。	北和西——最多的人際接觸。
●領導者極端聰明。	東——顯示出個人的能力。
●領導者對成就動機甚大。	東——最大的個人貢獻。
3.組織/群體的壓力	**領導方格上壓力的方向**
●決策可能會產生衝突。	北和西——決策的參與面擴至最大。
●良好的領導者——群體關係存在。	北和西——最廣的群體接觸。
●組織的集中性、正式化程度甚高。	南和東——合適的組織型態。

的。這種類型的模式之所以重要不僅是因爲它主張領導因情況而異，更因爲它對各種不同的狀況均想法提出最有效的領導風格。然而，正如你可從這些研究發現中感覺到的，這模式還需要進一步改進。

領導風格對被領導者行爲的影響

對領導的研究之所以如此廣泛，其主要原因之一是，人們相信一個羣體中領導的風格對此羣體具有極重要的影響。如果一個領導者想要成功地調適自己的領導風格，以適應不同的狀況，他就必須能夠瞭解其風格對於其所領導的人所可能有的潛在效果。

各個研究主要致力於發掘領導風格或行爲模式和羣體表現之間的關連。藉著對此領導者——被領導者間關連的瞭解，我們可以藉著改變領導風格、訓練及環境或狀況等變數來影響羣體作用的結果。如果我們要快樂而且滿足的羣體成員，我們可以選擇某種類型的領導；如果我們的目標是高度的生產力，我們可以選擇爲另一種型態的領導。如果我們既要羣體滿意，又要有高度的生產力，也許就有另一種領導風格能同時達到這兩個目標。

在此我們將討論若干領導風格及其對被領導者的作用。下列研究結果列擧了領導者面對其特殊的環境與狀況時，可以考慮的參考原則。雖然這些領導風格有不同名稱（指導的對縱容的，以工作爲中心的對以員工爲中心的等等），但就領導風格對領導者可能有的作用之研究而言，却都依循著兩個主題：對人的關懷和對生產的關懷。必須記住的是這些研究發現應當和組織環境與當時的狀況配合。例如：儘管研究發現指出專制羣體中的敵意較民主羣體大三十倍，但有誰會眞正希望，當他們所乘坐的噴射客機在高空中故障時，駕駛員還跟他們講民主呢？

權威的、民主的，及放任的風格之效果

表9－2 說明了三種早期即被研究的領導風格。茲將一些共通的發現摘要如下：

- 放任式（不干預）和民主式不同。
- 民主可以是一種有效的管理風格。
- 專制可以產生很大的敵意與攻擊性，包括對羣體中代罪羔羊的攻擊。專制也可造成某些表面上看不出來的損失。
- 專制的領導風格，被領導者的依賴性較高而個別性較低。

這個早期的研究還包含了若干重要的發現（Lewin and Lippitt,1938）：

- 專制羣體中的敵意較民主羣體中大三十倍，攻擊性則大八倍。
- 找人頂罪或是選擇一個較弱的羣體成員要他爲失敗負責的情況，在專制羣體中遠較民主或放任性羣體中常見。
- 民主的領導者比專制領導者受羣體成員歡迎。放任的領導者也較專制領導者受羣體成員歡迎。

表9－2　領導行爲的風格

獨裁	民主	放任
1.一切政策由領導者決定。	1.一切政策由群體討論及決定。而由領導者從旁鼓勵協助。	1.群體或個人都有做決策的絕對自由，領導者的參與減至最少程度。
2.由某一權威決定工作上技巧及活動步驟等，權威一次只有一個，所以未來情況如何是極不穩定的。	2.未來的活動是在討論中決定的，達到群體目標的步驟在此擬定，如果需要任何技術上的意見，則由領導者提議若干可能的步驟供抉擇。	2.領導者明示其在被要求的狀況下會提供所需資訊。除此之外，領導者並不參與工作討論。
3.領導者通常指定成員的工作任務及其工作夥伴。	3.成員可自由地選擇其工作夥伴，工作的分配也由群體自行決定。	3.領導者完全不參與。
4.獨裁領導者對於成員工作上的讚美或批評傾於個人化，除了示範以外，總是高高在上，不參與群體的活動。	4.領導者在批評或讚美時是客觀而重視事實的，同時他會儘量少做此類工作以使自己成爲群體精神上的普成員。	4.對於成員的活動僅偶示給予眞誠的評論，且只是在彼要求時才行之。並不嘗試去品評或調整群體行事過程。

• 專制羣體中工作的量較大，但並非必然如此。
• 工作的質則是在民主的羣體中較佳。
• 放任的領導下，工作質和量都較民主或專制的領導下差。

要言之，專制的領導者似乎能提升工作的量，而民主的領導者則提升工作的質。然而，專制的領導者還必須擔負其領導風格所造成的負面效果。

除了這些發現外，在領導風格改變後，羣體中還可發現若干有趣的作用。專制的領導風格變為放任的風格時，羣體成員的攻擊行為會有巨幅的增加。然而當放任的風格轉變為專制和民主的領導風格時，攻擊性行為則相對地顯得相當穩定，而在經過這三種領導階段後逐漸地消逝。

即使是工人，對於何種領導風格會在其羣體中盛行的預期，也會影響其滿意度。期待專制或是縱容型領導者的羣體在領導者變為縱容型時，兩者都相當滿意。但是當領導者變為專制時，通常期待專制型領導者的工人會較期待縱容型領導者的工人為滿意（Foa,1957）。

當我們考慮一種縱容的領導風格或是約束的領導風格時，注意每一風格的後果是很重要的。一般的發現顯示，羣體的生產力和團結度，顯然並不會因為那一種風格而升高。同時被領導者的滿意度常與縱容性而非約束性相關。然而，這也並非是絕對的，範例 9－3 所示，即為相關工作擴大化所發現的一些相反的例證。

範例9－3　當工作者不要滿足的時候

現在該提一提兩個引起最多議論的研究。一個是由 Turner 和 Lawrence 進行（1965），調查了員工的滿意度與工作擴大化（即員工被賦予更多的權限與責任，而使其工作複雜化，不再僅是例行公事、單調、厤煩）之間的關係。結果多少令人訝異，相當數目的員工較喜歡例行的、單調而單純的工作；他們之中有許多人並不想要升級或是有個較重要的職位。在深入的調查中，Turner 和 Lawrence 發現那些想要擔任有較多責任與變化的工作的人，是來自他們所研究的工廠附近都市化程度較低，和主要屬清教徒勢力的區域。至於那些想要例行的工作，使他們不必負什麼責任的工人，則是來自社區中屬天主教徒勢力的都市區域。

儘管此研究很容易教我們將這些發現與清教徒的倫理觀相連，但 Blood and Hulin（1967）提出了一個較簡單的解釋。在一個對檔案記錄的大型研究中，Blood and Hulin 以此社區與中產階級常模的疏離程度，來為工作地點分類。在較為疏離的社區中，員工較不願意接受負責任的工作，而較滿意於一般性工作。混合性社區中的受僱者，則對有較大決定自由的職位與擴大了工作較為滿意。

這些及類似的發現明白地顯示：個人的背景，也許是其人格，是決定其對工作的滿意度的重要因素。有些人很明顯地在需要挑戰與責任的工作中興起，而其他人卻在同樣情況中鬱鬱不振。

Source: From *Leadership and Effective Management* by Fred E. Fiedler and Martin M. Chemers. Copyright © 1974 by Scott, Fresman and Company.

關係導向與工作導向風格的效果

關係導向的領導被視為是以羣體為導向，以員工為中心的領導，亦可說是一種以人與人之間關係為重的領導型態。這種行為模式的含義是由領導者的努力來與其所領導之個人維持友善、支持性的關係。這並不一定是表示縱容的程度高，實際上，以關係為中心的領導者可能保有相當嚴格的工作準則。

有關這些領導風格的研究中，有下列種種發現：

- 成員的滿意度在以關係為導向的風格中較高，但是卻無明顯證據顯示這種領導風格可以促進羣體的表現。
- 有成效的主管會將其部屬視為具有動機、感情及目標的個體。
- 在以員工為中心的管理者手下工作的工人，較在以工作為中心的管理者手下工作的工人，有更多的羣體自尊。
- 運輸公司中羣體的高度羣體績效，常和羣體對其管理者的支持與否、意見的溝通、相互瞭解，及工人的自主等的滿意情形相關連。
- 對工作者的支持態度，對羣體中監督方式的信仰，及對羣體的高度忠誠，對管理者的良好態度等，都和生產力的增加和對責任的欲望等有關連。

然而，研究結果不全都是正面的。某些研究也發現領導風格與生產力，甚至羣體的滿意度間無任何關係。一些負面的結果也同時存在。舉例來說：科學團體中的管理者雖然諳於人際關係，但仍被視爲領導效率極低。而在模範的商業團體中，生產力則是和嚴密而非一般性的監督連接在一起。

總之，似乎在以關係爲中心的領導下，工作的滿意度較高，但至今仍不清楚這種關係導向的領導會使生產力增加還是降低。

不論你管理的主要前提，是對人的關懷或是對工作的關懷，你都不會因此而有極大的成果。雖然研究結果顯示管理者若不是以關係爲中心，便是以工作爲中心，但是沒有任何事阻止你成爲一個例外的、善於組合這兩種風格的管理者。

參與性領導與指揮性領導的效果

參與性領導的含義是：領導者允許或是鼓勵其羣體的成員積極地參與討論、解決問題及制定決策。指揮性領導的含義則是：由領導者扮演解決問題、決策制定時最積極的角色，同時期望其領導羣體成員能依其決策而行動。

在改變羣體意見時，參與性領導較指揮性領導爲有效。研究顯示：

- 參與性領導者與被領導者改變其對工作的看法的可能性，較指揮性領導者與被領導者爲高。
- 參與性羣體的成員對其羣體的最終成果較爲滿意。
- 參與性羣體的成員覺得其工作較有趣且較有意識。

最佳的生產力是參與性領導，在此，其成員都能參與工作的計劃與執行。成員們同時也對生產的目標更有承諾感。

指揮性領導者的效能也因情況而異。在羣體成員的資格有較大限制，有層層相屬的地位結構（見第十一、十二章），及羣體成員相互間依賴性較低的情況下，指揮性的領導者最能爲羣體所怡然接受。在商業與政府機構裏，羣體的團結與滿意度隨領導上指揮成份的增加而增高；而隨著領導權的分享而降低。很顯然地，在某些狀況裏，意見一致並不受歡迎。

整體性的研究發現支持下列結論：

- 參與性的領導風格下的羣體成員滿意的程度較高。
- 參與性的領導風格下的羣體團結性較高。
- 羣體的生產力的決定因素，似與參與性或指揮性的領導風格無關。研究所發現的結果相當不一致。
- 參與性領導下意見的改變較常出現。

領導風格之效果的摘要

對被領導者行爲的研究，並未證實任何領導者行爲與羣體反應的理論。在某一情況中極有效用的行爲模式未必會在其他情況中也有效。一般說來，以人爲導向的傾向較强的領導風格，較能增加羣體成員的滿意度；而工作導向較强的領導型態，常和較高的工作生產力相連，但在計劃工作的階段則不然。

影響領導的另兩個因素

很不巧地，僅是爲領導下定義——提出領導風格與情境和對被領導者所產生之效果的互動模式——並不是領導的全貌。領導者是在階層組織中作用，而這階層組織或是由其所領導的人建立起來的，或是由他們所屬的組織來維持的。他們必須應付他們法統權威的問題及作用，這些都和他們的領導風格的力量無關。同時，人類是不可預測的，也許身處羣體之中時更是如此。這兩個因素不可避免地會影響領導者的風格。同時，領導者的功能除了發揮在階層組織中所有成員組成的大羣體中，同時也施行於切身的羣體中（下屬、同僚），他們的想法也會影響到領導的效果。

權威

權威、權力、影響力等字眼常交換使用，幾乎已到一種完全混淆的地步。但是，權威的意義較權力、影響力爲窄。權威僅代表領導者角色機構化（institutionalization）後所予領導者的控制權，亦即領導者以其扮演角色在組織中被授予的正式權力（Tedeschi et al,1973）。

若干疑問因此而起。是誰授予領導者這種權威權力？領導者能夠名正言順地運用這種權威的範圍是如何決定的？在此組織的階層秩序中，領導者是否可以將其權威分散或與他人共享？有兩種理論嚐試來回答這兩個問題：正式權威的理論和權威的接受理論。

正式權威的理論，將領導者的機構化權力，視爲來自組織中的較高階層。在一個領導者意圖運用其某一特殊型態的影響力時，所得到來自上級的一貫支持，便是正統的權威。如果一個領導者擁有來自上方的支持，在正式權威的理論下，便被視爲是具有權威。

權威的接受理論則認爲正統來自下級，亦即領導者的權威來自羣體中，其部屬或被領導者對此權力的接受。這理論認定不管領導者有多少正式的權威，若是缺乏這種由下向上的接受，便沒有眞正的權威。

領導者若想發揮最大的功能，就需要有來自上下兩方的支持。沒有來自上方的支持，領導者的功能將被侷限於其直接控制的小羣體或部門之中。沒有來自下方的支持，即使是最正統的要求，也得不到滿意的結果，且會遇上蓄意的破壞與攻擊。

當個人加入一個正式的組織時，他立下契約（常是默契性質的）以接受權威來換取羣體中成員所有的獎賞。然而，這契約却不是對所有指示的全面接受。在某個特定範圍中，員工才會允許權威施行其作用。試圖將其權威延伸至此範圍之外，通常會被羣體成員所拒絕。實際上的行動可能也和正式制定的行爲模式不同。

舉例來說：組織可能爲員工工作之內和工作以外的行爲制定某些規則，但是員工可能僅接受其認爲是無關緊要的無差異區域（zone of indifference）內的規則。他們可能會接受工作行爲中的權威，但是却拒絕任何影響其工作範圍外行爲的嚐試，亦即是施於其無差異區域之外的權威。

不論是正式或非正式的權威都有其極限。當員工被詢及那些是管理當局可以名正言順要求員工的，那些是管理當局無權干涉的，員工做答如表9－3所示。管理當局對工作環境的影響，與工作績效指導，員工有理所當然的感覺（即無差異區域），但如個人事務、家務等很明顯的是在此範圍之外。

測驗權威與其他個人或組織特徵的相對強度之另一個方法是：去測驗一個人影響決策的權力。一個人在涉及決策的各種事務上，尋求他人幫助的理由很多，下面是由一些管理者所提出的理由，依其發生的頻率排列如下：

- 責任與功用（有權威的人須對某些事務負責）
- 正式的權威（有權威的人是常居於一個須做決策的位置）。

表9-3　管理權威的影響範圍

可影響的範圍：

在工作時間裏，花於和配偶、孩子通電話的時間

辦公室清潔與否

工作時間

工作所顯示的素質

與他人相處所具的重要性

工作時間內閱讀與工作相關書籍的時間

工作時間如何分配

不可影響的範圍：

所上的教會

個人購物時在何處記帳

在何處渡假

孩子在何處上學

屬於何種政治團體

和何種人結婚

開那一種車

是否有房子

配偶是否工作

住何種房子或公寓

休閒活動的多少

Source: K. Davis, "Attitudes toward the Legitimay of Management Effort", *Academy of Management Journal*, 1968 (11), 153–61,

‧資源的控制（具有權威的人控制金錢、資訊等）
‧交流（同儕有被諮詢的權力）
‧操縱（具有權威的人可依其希望制定決策）
‧不履行責任或逃避（有權威人應在場並處理困難）
‧制度上的規定（這些規定明定諮詢的對象）
‧傳統的規定（習俗、傳統，或上級規定諮詢的對象）
‧公正（有權威的人是個好的決策者）
‧友誼（有權威的人爲人所喜愛）
‧專家的見解（有權威的對於事務有高超的知識）

這份來自 Filley and Grimes（1968）的清單包含了非權威的理由，正式權威的觀點，及以接受理論爲基礎的種種原因——總之，做決策前是需要與人諮商的。

領導與羣體思考

當 Irvnig J. Janis（1972）在閱讀有關美國外交政策在豬羅灣事件中的慘敗資料時，羣體思考的概念初現於其心中。在 John F. Kennedy 的領導下，中央情報局提出了一個攻擊古巴，進而推翻卡斯楚的計劃。這個計劃考慮欠週密，頗有瑕疵，而結果使得美國政府非常的尷尬。起先 Janis 覺得很難瞭解「精明、幹練如 John F. Kennedy 和其幕僚，竟會無法洞悉中情局愚蠢、草率的計劃。」（Janis,1972,P.111）。

Janis開始懷疑是否有一種類似社會從衆的心理感染，干擾了這些決策者精神的警覺性。經進一步分析這個事件後，Janis注意到這些決策者的行爲，正合於某種尋求一致的行爲模式。他曾在其他的面對面羣體中，注意到有這種行爲，尤其是在有强烈的團結感發生時。從這些觀察中，他推斷羣體過程在暗中作用者，使得Kennedy及其幕僚們未能對中情局計劃中的眞正問題詳加考慮，也未能仔細的評斷其重大的冒險性。

在重溫其他美國政策上的失敗後（如未能爲珍珠港之可能受偷襲而預作準備，北韓的侵略戰爭，越戰中的退縮等），Janis的結論是，曾發生在Kennedy及其幕僚身上的事，並非是一個獨立的現象：這些政策同樣是由一小羣身爲團體羣體中的成員的政府官員們，在一連串的會議中，所作成的羣體決策。

「羣體思考」（groupthink）一辭乃演變爲指一種當人們「深切地投入一個堅凝的『內集團』，成員們爲『達成一致的協議』，而忽略了替代方案的可行性」時，所發展出的思想模式（Janis,1972）。底下Janis（1972,PP.197–98）提出了八個主要特徵來說明羣體思考：

1.大部分的成員都有一個錯覺：認爲羣體決策的結果是無懈可擊的，因而過度樂觀，且敢於冒極大的危險。

2.運用整體的力量來抵制種種反對的可能性，使得成員不願再去重新考慮他們的假設。

3.毫不懷疑地信服羣體的決策是正當的，使成員忽視其決策可能造成的倫理、道德上的後果。

4.對敵方領導者的刻板印象認為其若不是太邪惡，不可能和他達成共同的協議，就是既無能、又愚笨，所以根本不可能對抗任何試圖擊敗他的嚐試。

5.任何成員如果對其羣體的刻板印象、錯覺或執著，表現出任何強烈的議論，他便會受到直接的壓力，指明這種異議對一個忠貞成員是不當的行為。

6.成員對於自己和羣體有明顯不同的地方會自我抑制，這顯示各個成員試圖減低心中其自覺的懷疑及異議所有的重要性。

7.大家總誤以為有關判斷的一致決議，必定與大多數人的看法相同。（部分是由於對異議自我抑制，而另一個錯誤的假設：沈默即同意，則加强了這種看法。）

8.產生了自我任命的心靈守護者，他們保護羣體，使之不受一些相反思想的影響，因其可能毀掉大家對決策的正確性與效能的自我陶醉。

雖然團結是造成羣體思考的主要狀況，但並不是所有的團結羣體都必然產生這種自戕性的求同模式。Janis 為制定政策和決策的羣體，提供了九項建議，來避免羣體思考的發生：

1.鼓勵羣體的成員，提出反對和懷疑，讓他們不致抑制自己的異議。開明地面對批評吧！這是很有價值的。

2.將你對政策計劃的簡報，限定在有關問題的範圍及可用資源限制等，不帶偏見的陳述上，要公正，同時不要提出具體的建議。

3.建立若干個獨立政策計劃與評估團體，來研究同一問題。

4.在檢視不同的作法時，將羣體分爲兩個更多的小組，令其個別討論，然後再聚集全體，來找出其間的不同。

5.讓羣體的成員定期地與其信任的同事，仔細的討論，然後再將結果反應給羣體。

6.每次會議都邀請一些外界的專家，抱著懷疑的態度，向羣體的意見挑戰。

7.在每個會議裏，任命至少一個羣體成員擔任魔鬼的辯護士（devil's advocate）的角色，來評估各種替代方案。

8.花些時間來考慮對手所提出的疑點與可能的行動方案。要爲反對性的反應做準備。

9.在達成有關最好的抉擇的初步協議後，稍待一會兒後再舉行一次檢討會議。鼓勵羣體成員表達其尚存的疑惑，並在同意最終決策前，重新考慮整個問題。

身爲領導者，你必須感覺到類似這種來自權威或羣體思考的問題的存在，以避免一些意外結果的發生。而主要方法並不是想法子去除這些現象，因爲這是不可能的。你應該步步爲營地去處理與控制這些現象，以使你的領導行爲發揮最大的效能。

摘要

看了這許多有關領導的範例，相互矛盾的研究結果及相關的研究後，有那些建議是可用爲增進領導效率時的參考呢？接下來的一系列觀點，則是由作者們提出的一些理論與研究結果的評介。

在以部屬的滿意爲前提時，你應考慮的兩個主要行爲變數是：爲羣體建立結構及提供支持與關懷。最好的領導者未必專注於建立結構或支持其羣體。工作的環境也和你所領導的部屬一樣，會影響到這些變數中，領導者行爲與滿意程度之間的關係（見徑路——目標理論及對被領導者影響）。

研究領導的情境觀點——認爲領導者管理上是否有效，須視問題的情況、目標及部屬而定——似乎是提供了一套最好的結果來供你應用。情境理論未能在預測部屬的表現上完全成功；僅能發現羣體的滿意和領導者行爲間確有可靠的關連。

領導者行爲對被領導者作用，並不比情況的作用來得單純。主要的領導風格大致可歸納爲兩種：對人的關懷與對工作的關懷。這兩種風格會造成不同的滿意度，與不甚明確的績效差異。

何種行爲能導致成功的影響力，是已爲人所熟知的（見第八章）。但是能在所有的情況裏，所有類型的部屬中，無往不利的影響力模式並不存在。沒有任何一種領導風格能適用於所有的狀況，因爲：⑴我們改變行爲的彈性往往不夠大，⑵在許多狀況中，成功領導的先決因素可能還是不確定的，或是不容易辨識出來。

當個人一旦進入團體之中，即使僅是小團體，我們對於其整體的作用情形的預測能力便會銳減。一些從社會關係的基本結構上無從預料的現象，便可能發生——如增加對正統的認同程度的權威，及可能使最高職位的領導者無法統令其所領導的人的權威。或者，羣體可能向另一方向發展——爲求減少壓力而陽奉陰違，並對領導者的地位予以表面化的支持。

本章參考書目

Blake, R.R., and J.S. Mouton. *The Managerial Grid.* Houston: Gulf Publishing Co., 1964.

Blake, R.R., and J.S. Mouton. "A 9.9 Approach For Increasing Organizational Productivity." In E.H. Schein and W.G. Bennis（eds.）, *Personal and Organizational Change Through Group Methods.* New York: Wiley, 1965.

Bonoma, T.V., and D. Slevin. *Executive Survival Manual.* Boston: CBI Publishing Co., Inc., 1978.

Carter, L.F. "Leadership and Small Group Behavior." In M. Sherif and M.O. Wilson（eds.）, *Group Relations at the Crossroads.* New York: Harper, 1953.

Davis, K. "Attitudes Toward the Legitimacy of Managemnt Efforts to Influence Employees." *Academy of Management Journal* 11 (1968) : 153–61.

Fiedler, F.E. "The Effect of Leadership and Cultural Heterogeneity On Group Performance: A Test of the Contingency Model." *Journal of Experimental Social Psychology* 2 (1966) : 237–64.

Fiedler, F.E. *A Theory of Leadership Effectiveness.* New York: McGraw-Hill, 1967.

Fiedler, F.E., and M.F. Chemers. *Leadership and Effective Management.* Glenview, I11. : Scott, Foresman, 1974.

Filley, A.C., and A.J. Grimes. "The Bases of Power in Decision Processes." Proceedings of the Academy of Management, 1967.

Foa, U.G. "Relations of worker's expectation to satisfaction with supervisor." *Personnel Psychology* 10 (1957) : 161–68.

Greene, C.N. "Questions of Causation in the Path–Goal Theory of Leadership." *Academy of Management Journal* 22 (1979) : 22–41.

Halpin, A.W. *Theory and Research in Administration.* New York: Macmillan, 1966.

Halpin, A.W., and B.J. Winer. *The Leadership Behavior of the Airplane Commander.* Mimeogaphed. Columbus: Ohio State University Research Foundation, 1952.

Hemphill, J.K. *Leader Behavior Description.* Columbus: Ohio State University Personnel Research Board, 1950.

House, R.J. "A Path-Goal Theory of Leader Effectiveness." *Administrative Science Quarterly* 16 (1971) : 19–31.

House, R.J., and G. Dessler. "The Path–Goal Theory of Leadership: Some Post Hoc and A Priori Tests." In G.J. Hunt and L.L. Larson (eds.), *Contingency Approaches to Leadership,* P.P. 29–55. Carbondale, I 11.: Southern Illinois University Press, 1974.

Janis, I., *Victims of Groupthink.* Boston: Houghton Mifflin, 1972.

Knoell, D., and D.G. Forgays. "Interrelationships of Combat Crew Performance in the B-29." *Research Note CCT 52–1.* USAF Human Resources Research Center, 1952.

Larson, L.L., J.G. Hunt, and N. Osburn. "The Great Hi–Hi Leader Behavior Myth: A Lesson from Occam's Razor." *Academy of Management Journal 19* (1976) : 628–41.

Lewin, K., and R. Lippitt. "An Experimental Approach to the Study of Autocracy and Democracy: A Preliminary Note." *Sociometry,* 1 (1938) : 292–300.

Likert, R. *The Human Organization.* New York: McGraw–Hill, 1967.

Likert, R. *New Patterns of Management.* New York: McGraw–Hill, 1961.

Mann, R.D. "A Review of the Relationships Between Personality and Performance in Small Groups." *Psychological Bulletin* 56 (1959) : 241–70.

McClelland, D.C. *Power: The Inner Experience.* New York: Irvington, 1975.

Nystrom, P.C. "Managers and the Hi–Hi Leader Myth." *Academy of Management Journal* 21 (1978) : 325–31.

Shaw, M.E. *Group Dynamics.* 2d ed. New York: McGraw–Hill, 1976.

Stogdill, R.M. *The Handbook of Leadership: A Survey of Theory and Research.* New York: Free Press, 1974.

Tedeschi, J.T., B.R. Schlenker, and T.V. Bonoma. *Conflict, Power and Games.* Chicago: Aldine, 1973.

Vroom, V.H., and P.W. Yetton. *Leadership and Decision-Making.* Pittsburgh: University of Pittsburgh Press, 1974.

提要

第3篇 管理小羣體

管理者的許多時間，大部分都花在與他人面對面的接觸上。但是同時也受到許多實際上不在場，想像中却存在的人的重大影響。即使沒有面對面的互動關係，管理者仍然必須要能夠意識到他人對其思想、決策及行爲上的影響，這是極爲重要的。瞭解所謂的「參考羣體」及其如何影響人們，對一個成功的管理者而言，是非常重要的。第十章與十一章便是討論這個過程。第十章描述了一些由羣體所產生而影響個人的種種刺激。第十一章則探索另一種型態的羣體刺激—社會常模（規範）。它的重要性值得讓我們單獨闢一章來討論。社會常模的影響極爲廣大，從從衆直到異常的行爲，均包括在內。能明白羣體常模對個人的影響，對管理者而言尤其重要。

第十章 個人與羣體

Halden Marlowe 剛接到第一個由他主持的整體性任務。副總裁要他綜合七位經理對某一建築用地的可行性的報告，同時向高階層決策人員提出口頭簡報。副總裁告訴 Halden，他可以自己一個人或是與相關的經理聚會，或者利用其它的方法來達成結論。Halden 想好好地完成這個任務，但是不知道該用什麼樣的方法比較好。他實在很想聚集其他七位經理，組成一個專案小組。可是他又想起那句古諺：「所謂駱駝，就是委員會設計的馬」。

管理者的難題：個人或羣體

大多數的管理者常會面對的一個問題是：該以個人還是羣體來完成工作？個人在單獨時或是羣體中，會工作得更好？在什麼樣的情況下，個人單獨地工作會比在羣體中工作更好？什麼時候應該以羣體爲基本的工作及決策單位？一個羣體該有多大？這些問題一直困擾著學習管理與組織心理學的人。（請參見McGrath,1978,and Newcomb,1978）羣體和個人一樣，都是組織環境中的特徵。羣體通常都認爲是好的，雖然只是在某些情況中如此。然而，研究並沒有完全支持這個假設。範例10－1中，便就團體對個人影響的好處，提出一個略帶反諷意味的評論。

羣體如何影響個人

羣體影響個人的方式，可能是顯明易見或是隱晦不明的。不管是那一種，影響都可能極爲深遠。

範例10—1 在羣體外，人會做得更好

摘要：由社會心理學上重要的研究顯示：倘若沒有羣體的形態，人們會做得更好。

「不，最簡單的事實是：根本沒有任何理由要把一大羣人聚集在一起。羣衆會令人不快，也有害健康。他們對更有價值的個人與社會關係而言，是不必要的，同時他們還具有危險性。衝動的羣衆會闖進個人不敢進去的地方，而這些人還以自欺來支持自己。（Frazier 在 Walden Two 中的說法，見 Skinner, 1948 / 1970, P. 43-44）。」

社會心理學者支持 Frazier 這個認爲羣體對個人沒有益處的觀點。下列一些重要研究的概述，很明顯地支持這個假設。

1.非個人化（Deindividuation）：非個人化是「羣體的一種現象，即個別成員不被視爲個人」（Festinger, Pepitone, and Newcomb,1952）。Zimbardo（1970）也討論這個現已爲人所熟知的非個人化的負面效果。然而對這些負面效果的熟悉，並不會減損其重要性。舉例來說：任何使人向睡著的男女、兒童身上扔炸彈的過程都值得重視。

2.匿名（Anonimity）：非個人化這個結果（Harrison,1976）常與下列現象相連：暴力行爲的增加（Zimbardo,1970; Diener, Westford, Diener and Fraser,1973），駭人行爲的增加（Zimbardo,1970; Milgram,1974），及偷竊的增加（Frazer,Kelem, Diener and Beaman,1975; Zimbardo,1970）。至於由匿名的都市社會所造成的普遍不安，更是無須進一步解釋。

3.責任的分數（Diffusion of responsibility）：這是非個人化的另一個結果。這個概念常被用來說明沒有旁觀者介入的情況（Darley and Latane, 1968; Latane and Darley,1968; Latane and Rodin,1969; Freeman, Walker, Borden and Latane,1975）。Kitty Genovese 事件（Aronson,1976）尤爲一個責任分散得令人惋惜的例子。小費（Freeman, Walker, Borden, and Latane,1975）最近也常被歸咎於這個現象。

4.倣效作用（Modeling）：Diener, Dineen, Endersen, Beaman and Fraser（1975），已發現在成員是匿名的，而且感受到極小的個人責任（非個人化）的羣體中，如果有未被禁止的示範行爲出現時，倣效作用將會鼓動衝動、反社會的行爲。倣效作用常引發並惡化暴動。

5.風險轉移　（Risky　shift）：如衆所周知的，（Wallach, Kogan, and Bem,1964; Brown,1965; Ofshe,1973）人存在羣體中，比較可能會去從事風險及代價較大的事情。Freedman, Carlsmith, and Sears（1974）說：不管完整的解釋是什麼，基本的事實仍是羣體確實傾向於選擇較個人爲極端的地位與行爲。（P.202），不過，近來一些學者（Krox, Stafford,1976; Harrison,1975）也主張有因文化、情境的影響力而產生保守傾向的可能。

6.羣體思考（Group think）：在「羣體思考的犧牲者」（Victims of Group think）（1972）一書中，Janis 提出了一個反對某些制定對外政策的羣體的主張。諸如豬羅灣事件、韓戰、珍珠港事變及越戰的升高等政策上的挫敗，都是由於羣體決策的缺陷所引起的。人們想到未來羣體思考的可能性與結果，便不寒而慄，或只要提到核子武器造成的全面性毀滅就夠了。

7.恐慌（Panic）：羣體的傳染性常會造成集體的恐慌（Brown,1954,1965）。逃散的恐慌尤其令人害怕。

8.社會運動（Social movement）：Cantrit（1941/1967）和Toch（1965）的研究，强烈地顯示出成千上萬的人們，如何被捲入羣衆運動裡，終而成爲政治領袖與帝王的受害者。

9.從衆（Conformity）：Asch（1951;1956）的著名研究顯示，羣體如何運用極大的壓力來迫使其成員服從。Milgram（1974）對服從的研究結果與Asch的發現相類似。當然從衆在前述大部份的過程中，均扮演著重要的角色。

然而我們必須注意到的是，從理論上看來，羣體常模和壓力所造成的從衆，常與下列幾種正面的潛在功能相連：促進羣體的生存，使羣體較易達成目標；確認適當的意見、能力及情緒狀態；使其成員能認知其與社會、物質影響的關係。

10.領導（Leadership）：羣體領導的構成因素並不完全決定在領導者的積極特性。Freedman et al.（1974）指出，其實强制的任命、溝通網、溝通的型態、數量以及領導者與羣體成員的相似性等，才是羣體領導的重要決定因素。

雖然上列各種並非鉅細靡遺的，但它卻說明了上述許多知名學者如何證實「人們若是沒有大多數的羣體型態的話，會做得更好」這個事實。著名的人類學家Weston LaBarre同意這些社會心理學家的發現。他將這情況簡潔地摘要如下：

倘若羣體使得成員的倫理認知力變得遲鈍，並限制了成員道德上的想像力的話，那是因爲我們當時是被動地、順服地讓別人替我們思考。羣體倫理（group ethic）的作用，當然僅僅是爲了保持羣體的生存。

Source: Christian J. Buys, Personality and Social Psychology Bulletin, 4（Winter 1978）: 123–25.

諸如他人存在、團隊精神（esprit de corps）、羣體中他人的數目，以及羣體決策的過程等等因素，都會影響羣體中個別成員的行爲。

他人的存在：某人在獨力完成一項工作時，若有他人在場，他會比沒有其他人在場時賣力得多。無隔間式辦公室便是藉著室內設計、反映出這個想法。然而，他人存在雖然促進了簡單工作上的表現，卻可能使創新性的工作缺乏創意，使複雜的工作的正確性減低。某大廣告經紀商最近在其廣告設計部門作了隔間，原先各工作人員之間是用盆樹隔起的，現在每個人有了自己私用的小室。雖然並沒有明顯的證據顯示設計部門的成員，在以往的環境裡較缺乏創意，但是羣體成員們却普遍地覺得過去的環境使他們缺乏創造力。由此可知：辦事員與行政主管會較爲滿意於沒有牆的環境。

團隊精神：羣體可能發展出一種思考模式，以壓制來自內部的批評及排拒外來可能對羣體信仰產生挑戰的資訊。這可能使得羣體中的成員，將其與羣體不同的道德判斷暫置一旁。豬羅灣事件及水門事件便是例子。

羣體的大小：隨著羣體中成員數目的增加，個人對羣體的參與和投入會漸漸減少。舉例來說，某個研究發現，小教堂中的教友奉獻的時間，較大教堂教友爲多（Hackman,1976）。這個原則便被一位負責十四州（state）的銷售經理所運用。他在接掌這個職位後，沒多久就創制了四個銷售分區，各區均有其名稱。在重組的三個月後，各個分區的平均銷售量都有顯著的增加。而且沒有任何其他的市場或公司活動的改變，可以解釋這個現象。因此，小羣體的工作意願，似乎因爲人們的認同感而提高了。

羣體的決策方式：羣體制定重大決策的方式，也可能對其成員的投入程度有重大的影響，而這又可能從而影響決策的執行效果。舉例來說：某一個股票經紀公司，在中級管理者間推行一個新的獎工制度。這個制度是由這些管理者所積極參與設計而成的。這些管理者一開始就明白，若是沒有他們的參與和同意，那麼就沒有任何制度會被公司採用。這個獎工制度後來功效卓越。這例子之所以值得注意是因爲一個幾乎完全相同的制度，曾在十八個月前爲副總裁所推行。當時，這位副總裁曾私下與各位經紀人諮商，但並不是用羣體的方式來進行。結果，這個制度在六個月後就因失敗而放棄了。而參與現在這項成功制度的管理者，實際上就是當初拒絕那個獎工制度的人。兩個制度都可以使個人得到同樣的效益，然而第一個制度却因羣體的領導者（副總裁）制定制度的方式而遭到拒絕。

羣體影響力的運作

我們接下來要看看羣體如何影響個人。同時用一個特殊的架構來說明個人如何受羣體的影響。如此，可使一個管理者知道如何去避免某些陷阱（如前述股票經紀公司副總裁所遇上的），及獲得某些利益（如前述區域銷售經理所得）。

觀察羣體影響個別成員的過程，有一個有用的方法，即將這影響依其刺激的來源分爲兩種（Hackman,1976; Porter, Lawler and Hackman,1975）。第一種我們稱爲一般性刺激（generally available stimuli），即和羣體中每個人都有關的刺激。一般性刺激來自羣體之外，並涉及羣體的所有成員。舉例來說：羣體的物質環境，及從事工作等便是一般性刺激。只要是羣體的成員，便可感受到此類刺激。第二種是選擇性刺激（discretionary stimuli）。選擇性刺激來自羣體之內；這種刺激是由成員在一選擇性的基礎上所發出的。選擇性刺激包括了同意或是反對的辭句（見第八章）。它可以影響如資源的分配，或物質設備的供應等決策的制定。

兩種刺激都以三種方式來影響羣體的成員。第一：他們影響了羣體成員對其組織及其本身所有的信仰。他們可提高個人對其在公司或羣體中所扮演角色的瞭解。一般說來，個人的資訊狀態（informational states）是受羣體參與所影響的。第二：兩種刺激都可能影響情緒或是情感狀態（affective states）。例如：兩種刺激都會影響到成員的工作態度，甚至成員的價值觀。同時也可能對行爲有所影響：不論是直接經由獎賞或處罰，或者間接地經由這些刺激對資訊、知識，或是成員的精感狀態影響。這些觀點摘要如表10—1。

一般性刺激

表10－1 群體刺激的影響與所及範圍

刺激所及的範圍	刺激的影響		
	對成員信仰、知識上的資訊影響。	對成員態度、價值觀及情緒上的感情影響。	對群體中個人或社會行爲的行爲影響。
一般性刺激（及於群體的環境）	第一區	第二區	第三區
選擇性刺激（所及範圍由群體其他成員自行決定）	第四區	第五區	第六區

首先讓我們先看表10－1中第一至第三區。它們是一般性刺激對管理者的資訊、情感及行爲上的影響。

管理者的資訊對羣體的影響

一般性刺激對於羣體能夠擁有什麼資訊，具有極大的影響力。對於兩種資訊尤其如此（見Schneider et al.,1975）。一種是有關於你可從羣體中獲得什麼利益和懲罰的資訊。你的預期可能包括金錢、友誼等利益，或者是社會制裁及其它型式的敵意。一般性刺激所能提供的第二種資訊則是說明該以何種行爲、舉動才能得到利益與避免處罰。因此中一般性刺激有助於在羣體成員的心中，建立起一種因果的關係，同時也建立了行爲與結果間的關聯。當然，一般性刺激需以證據來建立這種因果關係。

身爲管理者，你或許也想以改變一般性刺激，來影響你羣體中的其他人。例如：某行政主管特別將一羣新僱用的秘書，置於一些須與一羣工作勤奮的同事接觸的環境中。一段時間過後——一般是在新秘書已瞭解到勤奮是羣體的常模後，因爲周遭的人看來似乎都頗爲勤奮——這位新秘書很可能會被調到一個新的工作環境裡去。在同一家公司裡，一個銷售經理被要求在公告欄上列出前四個月中，獲得最多新客戶的三位銷售人員的姓名；在此公告中，上榜是一種獎勵，而沒有上榜則是一種懲罰。同時也使得每一個人明白，公司特別重視的是得到新客戶。

情感的影響

接下來讓們來看看一般性刺激對羣體成員的情感狀況的影響（表10－1中第二區）。這裡最重要的考慮也許是一般性刺激會影響你追求（或是避免）某種特殊結果的程度。（Hamner and Organ,1978,第四章）而這又從而影響到羣體達到其目標的程度。公告是用以使早先被激勵過的銷售人員去尋求新的客戶。或者，如果說你在一個志願性組織中，工作所得的回報愈多，你就會越盡力於這個工作，同時這志願性組織也因此能夠有效地達成目標。當然，這種影響期望的一般性刺激必須是經常性的，而且要保持在一個相當高的水準。如果這個志願性工作的獎賞變得較不固定，或是較不明顯，那麼你對這個工作的欲求水準便會減低。而這羣體在達成其目標的過程中，會有較大的困難。

工作成員所感受到團隊精神的程度，是一般性刺激的功能之一。工作以外的社會活動，諸如壘球賽及野餐等，被用來培養工作者對工作及其他人的一種正面的情感。工作時間中的一些社會活動也是同樣的情形，例如爲生日開了小小的慶祝會，這並不需要每一個工作者都參加此類的活動才會有預期的效果。只要工作者知道他們的存在，而同僚也重視這些活動就夠了。

行爲的影響

一般性刺激也可能對行爲有直接影響（第三區，表10－1）。一般性刺激所提供的種種刺激或暗示指出：那一種行爲是適當的，那一種是不適當的（見 Behling and Schrie Sheim,1976,第三、四、六章）。更有趣的是羣體成員間藉以交易的「通貨」（coin of the group）（不論所交易是什麼東西），對行爲有相當重要的影響。羣體中的「通貨」也是一般性刺激的一種。

在足以影響其羣體過程的羣體環境中，成員間實際的「物質」交易，的確是一般性刺激的基本準則之一。例如：我們有相當的理由相信，羣體成員間藉以交換的「通貨」，是基於思想、感情或物質將造成極大的不同。雖然人際間藉以交換的通貨對羣體過程的本質的影響，尚沒有許多有系統的研究，但是某些證據顯示，這種影響可能是極爲有力的（Hackman,1976,P.97）。

換一種方式來說，人們做些什麼及必須處理些什麼，對於行爲有重大的影響。如果你的部門是有關於構想的產生，則羣體的行爲將會和執行此一構想的部門不同。在此，構想的產生便是「通貨」的一種型式，而構想的執行則是另外一種。而生產線上工人組合某一設備時，所交換的組合元件，又是另一種「通貨」。在這種羣體中，「通貨」很明顯地將產生不同型式的行爲。不論如何，這種「通貨」（構想也好，事物也好）是一般性刺激的一部分。一般說來，影響行爲通貨的型式還包括愛、地位、資訊、錢、利益，及服務等。（Foa,1971）

管理心理學者一直很少研究一般性刺激。它們所以需要進一步的研究，乃是因爲基於若干理由，它可能是羣體中抗拒改變的有力因素。理由之一是一般性刺激不易爲人所注意，所以也不常被認爲是改變的阻礙。也就是這種刺激是羣體背景一部分。因此，羣體成員常不能意識到他們的影響力。一般性刺激可能抗拒改變的第二個理由是它們的種類不一。至少開始時是這樣的，同時隨著時間而變得非常狹窄及有限。當一個羣體略具規模時，它會傾向於排斥各種可能使其改變的外來物。這羣體似乎是在說：別用新的東西來混淆我們，告訴我們一些我們已經知道的事。

除此之外，羣體可能發展出一種常模來防止其對新環境刺激變得敏感，而這些刺激正可使羣體成員開明地接受改變。因此，一般性刺激可能提供一付約束羣體的手銬。一般性刺激的另一個特色是它通常無法分開加以討論。你可能私下有點贊成改變某一刺激的想法，但是爲了某些理由，你也許不會在羣體討論中，將這些想法說出來。或許你不願被譏笑，也或許你只是認爲這種想法不會爲人接受。因此，一個制定計劃、構想的人，雖想參與其構想的執行，但是他可能非常不願向羣體中其他人做此建議。此外，對於羣體討論過程中不好的一面，提出你的批評，也可能被視爲無禮。也就是說，如果另一個人不斷提出困擾羣體的反面思想或評論，將會引起進一步的衝突。

選擇性刺激

刺激的另一個主要型式是選擇性刺激。選擇性刺激是由羣體直接控制的。這是一種能給某些人多些，給另一些人少些的刺激。它具有多重的目的。從羣體的立足點來看，它有助於教育其成員，並將它們社會化（socialized）。經由給予選擇性刺激，羣體可以知道個人行爲的正確與否。管理者當然也利用選擇性刺激來影響行爲（第六區，表10－1），使其合於羣體常模，尤其是當刺激與從衆或異常有關係時。（見第十一章）

行爲的工具

羣體選擇性地配置選擇性刺激，有助於將個人導向受社會喜愛的行爲。管理者必須要決定爲新員工配置積極與消極的選擇性刺激的合適頻度（Hamner and Organ,1978,第3章）。舉例來說，在爲新員工制定績效水準時，新員工與老員工比較起來，新員工將被給予較多的積極刺激和較少消極刺激。除此之外，在需要一致性選擇性刺激時，可被用以在羣體成員間產生一致性，並在需要特異性時，用來產生特異性。所有的羣體為了要成為一個單位，都需要一致性。選擇性刺激可用來抑制過多的個人化行為。當然，為了使羣體能應付不同的需要，這種個人化行為是必須的。某些人被要求有不同的行為，否則羣體便無法作用或生存下去。此類的工作有些是非常令人不快的，對能夠成功地完成這種工作的人應予以特殊的獎賞。同時，羣體的個別成員也會尋求選擇性刺激，以獲得更多資訊，得到羣體所控制的獎賞，或避免羣體控制的處罰。

資訊的工具

選擇性刺激可能從好幾個向度影響你的資訊狀態（第四區，表10－1）。藉著適當的獎賞，羣體可鼓勵其成員尋求某些資訊，並避免其他可能與羣體認為必須保留的信仰相悖的資訊來源。在這種情形下，羣體對選擇性刺激使用——舉例來說，如果你和某個羣體不尊敬的人，或是不喜歡的人交談而被看到，那你就會受到衆人的排斥，這樣將會影響到你對羣體及其環境所有的信仰與認識。事實上，你對某一問題的看法如何，有大部分是決定於你所屬的特定羣體（Holzner and Marx,1979）。尤其在環境相當確定，或是你自覺無法闡釋你的環境，或者你覺得只有羣體才有資格闡釋環境時，更是如此。例如，一個產品經理，在下列情況中很可能會接受其同僚對一項新產品成功的可能性的評斷：當這產品的市場是新的，而且似乎不太穩定時，當他對這工作尚未熟悉，或是其同僚過去對於新產品的預測均頗為正確時。

除此之外，藉著獎賞某些行爲和懲罰其他的行爲，羣體會改變你對本身所持的看法。個人的自我價值部分，即是由羣體的行爲塑造出來的。再者，羣體也是個知識的散播者，你需要這些知識，這樣才能在羣體或組織中生存下去。因此，羣體對於這種知識的配置，可能會對你的資訊狀態有相當的影響。

對情感狀況的影響

選擇性刺激同時也對羣體成員的情感狀況有影響（第五區，表10－1）。產生這種情形的方式之一是：使用强烈的約束力來推展某種特定的行爲。行爲改變的結果，在某些狀況下，態度也會隨著發生變化。例如，管理者在訪問各大學的商學院後，常會提出一些對大學型式較爲正面的報告。同時，假若你的看法因你被鼓勵去尋求或獲取某一來源的資訊而發生了改變，那麼你對於這羣體，或是這環境的一部分的態度和情感，可能也會改變。因此，態度的改變，不僅是行爲的改變而產生，也可能是因爲資訊或是看法的改變。又當某員工因其對某人或某事的行爲而受到獎賞時，這位員工很可能會對此人或此物發展出一種喜愛態度（見八章）。總之，員工可能會對某些事物或人產生認同，而此人或物正是羣體鼓勵其成員投以正面行爲的目標。這是態度制約或影響的一種型式。

羣體也能影響你心理上振作的態度（這也是羣體影響個人的情感狀態的層面之一）。例如：只要你喜歡的人也在場，便會提高你對羣體工作的興趣，同時也會減少與這些工作相關的焦慮和不安。同樣地，羣體也可將你置於一個不愉快的環境裡，或是提供種種不同的處罰方式，藉此來增加你焦慮、不適的程度。

羣體對於工作行爲的影響

從我們對一般性刺激和選擇性刺激的研究中，可明顯地看出來，羣體可以影響個人的工作行爲。組織中個人的工作行爲至少有四個決定因素：

1. 個人所有的知識與技術。
2. 個人工作時心理上的覺醒情況（arousal）。
3. 工作或是績效的策略。
4. 工作時所做的努力。

這四個決定因素，被羣體用來影響工作的效能（Hackman,1976; Hammer and Organ,1978; Hellriegel and Slocum,1976）。這在圖10－1中有所說明。當然，這四個決定因素相對的重要性，及羣體如何才能對它的工作者有最大的影響，還要看工作的型式而定。在某些情況裡，高度的警覺（覺醒）可能是最重要的，而技術則在相對照之下顯得較不重要。一位安全警衞的工作，可能便有此類要求。換一種情況，體力的消耗量可能是最重要的，像非技術性的勞力工作可能就是這種情形。

羣體的四個決定因素的影響

羣體對知識、技術的影響　工作羣體可能是傳授必須的工作知識與技巧的主要方法。像正式非正式的師徒相傳，便有這個功用。例如一位負責繕寫工作的職員，在最初開始工作時，通常只是使用在學校或其他公司所習得的技巧。但是他可能知道有關如何處理發票，如何獲得或是使用各種資源等等正式或非正式的規定。組織中的慣例或是規定，主要是透過工作羣體留傳下去。組織越正式、越複雜（見第十三章），工作羣體在提供管理與事務功能所必經的相關知識與技巧上，更是重要。

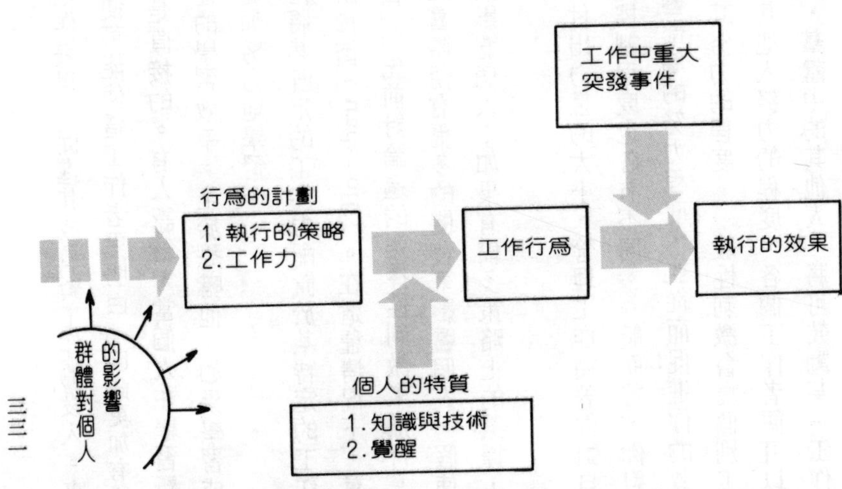

圖10-1　群體成員的行爲與執行效果的主要決定因素

羣體對覺醒的影響　羣體可藉著鼓勵與讚美好的工作表現，促進其成員對工作的投入。事實上，只要讓工作者覺得他的身邊有某些人在評估他，便可能使這工作者更明白（因此更加有所覺醒）工作的要求。然而羣體對工作覺醒的影響並不都是直接的。有人認爲，當個人在學習新的工作時，倘若羣體給予個人極大的支持，反而會減低他的學習效率。至於恐嚇他，如果學習成果不佳會受到處罰，也並非一項激勵，所以不會使個人更加努力地學習。

羣體對於工作策略的影響　所謂策略是指人們如何將其既定的工作力配置於某特定的工作上。例如，個人在執行工作時，可能對工作的質與量有所權衡（trade-off）。在這種情況下，羣體的常模可能決定採行的策略爲何。而這些常模係藉著我們先前討論過的選擇性刺激來推行。一般而言，工作越複雜，便有越多的策略待決定，也因此羣體便有更多的機會來影響個人。假使個人不須作任何策略上的選擇，那麼羣體便無從在這方面影響個人；如果有較多策略上的選擇，則羣體便有許多影響其工作成效的機會。

羣體對努力程度的影響　努力程度係指工作時，所付出力量的大小。管理工作隨著你對自身所努力的控制程度而有不同；管理者對其部屬的努力的控制程度也各有不同。一般而言，你對部屬努力程度的控制力越大，就愈有機會利用羣體來影響部屬的努力程度，並從而促進你的效能。在此，工作者也多半遵循著羣體的指導原則，來決定其努力的程度，一般性刺激會爲個別工作者提供有關常模的線索。也就是說只要觀察工作團體中其他人努力的程度，各個工作者便可以知道何種程度的努力是爲人所接受的。而藉著選擇性刺激，羣體中的其他人，將可鼓勵某一工作者將其努力保持於此一範圍之內。

個別工作者的生產力與羣體的生產力 工作者個別的生產力與羣體生產力間的爭執問題，一直爲人們注意著。羣體是否較其平均成員更具生產力？羣體是否較其最佳的成員更具生產力？據現在的研究報告指出：羣體是否較個別羣體成員具生產力，決定於他們所生產的是什麼（構想、決策、事物）？什麼時候生產？在那裏生產？以及如何生產？每一個羣體或個人的傾向都受制於許多例外與前提（請參考 Tedeschi and Lindskold,1976）。在需要做決策或判斷的情況時，羣體判斷多半較平均成員的判斷來得正確。因爲羣體中的個人，可以從其他成員在決策時所帶來的資訊與巧思中，獲得利益。倘若獨自制定此一決策，那他恐怕就無法擁有這麼多的資訊。就資訊搜集與問題的解決方案的產生而言，研究結果認爲羣體較具生產力。每一個成員跟外界環境，都有他的溝通網，藉以獲取有關問題與其解決方法的資訊。因此，一個羣體就有多重的溝通網在運作著。而個人則只有他個人的溝通網。當然，羣體決策所耗費的時間可能會多些。因爲，第一，即使決策所費的時間不多，但所有參與決策的人所費時間的總合也會相當可觀。第二，羣體過程往往需要更多的時間，尤其當羣體本身是一個新的羣體，或所遭遇的是一個陌生的情況時更是如此。羣體的好處是，它的成員能提供較多的資源。而分享這些資源（資訊、想法等等）則需要花費一些時間。

羣體可能比平均成員更具生產力的一個理由是：羣體中最優秀的成員改善了羣體的績效。然而，有人認爲有些時候，羣體甚至比其最優秀的成員更具生產力。羣體可能透過一般性刺激（例如有他人在場），和選擇性刺激（例如社會的贊許），提供給最優秀的成員更多的模擬，或心理覺醒，從而刺激或幫助他表現得更傑出。如前所述（見表10—1），羣體可能提高其最優秀成員的知識基礎，培養更有利的態度，同時提高此一成員的努力程度。這些作用都可能促使他的工作表現，比獨自工作時還要好。然而這些評論，似乎僅限於困難度在某一範圍內的工作（Laughlin and Johnson,1966）。我們在後面對這一點會有所論述。

當下列條件成立時，羣體的績效似乎可以和其最佳成員的表現並駕齊驅（Kelley and Thibaut,1969）：

1.問題存在有正確的答案。

2.答案的正確性可以立即決定時。

3.問題相對來說是簡單的。

4.解決此一問題所需的活動不多。

5.最初羣體成員都有相同的資訊。

當工作變得較爲複雜，而答案的正確與否不是立刻就可以決定的時候，羣體中最優秀的成員就較不易使別人相信他答案的正確性。因此，重要的考慮很自然的就是⑴羣體中最佳成員專精的程度，以及⑵他的說服力如何？假如這個人是籍籍無名，或不爲衆人所接受的，再加上他又不具說服力，那麼他對羣體解決方案的貢獻，可能就會降低。當羣體對工作使用一個有效能的勞動力時，它的績效會比個人還要好。然而，當這個工作非常複雜時，羣體的表現可能就比其最優秀的成員，或一般水準的成員還要差了。這裏所隱含的觀念就是：一條鏈子的強度，只與它最弱的一環相等罷了。在音樂會中，如果某人的演出低於平均水準，那麼這場演出可能就不會很成功。在複雜的工作當中，倘若羣體的成員間的協調溝通不良，那麼即使每一個人對個別指定的工作都做得很好，羣體的工作效能也會大打折扣的。總而言之，羣體成員可能會互相妨礙。當然，如果問題或工作相當單純，那麼羣體就不需要協調了。我們上面所討論的許多觀念，茲將其摘要如範例10—2所示。它們都是廣泛研究的結果（Shaw,1971）。

在第四章，我們的討論著重在個人的決策。而本章很明顯地有許多決策都是在羣體環境中完成的。決策的活動同時表現出一般性與選擇性的刺激。舉例來說，在決策過程中，羣體的新成員可以看出羣體的長幼尊卑，也就是說：誰是重要的？重要到什麼地步？在那一方面重要？如此，決策的方式本身，就是一般性刺激。羣體決策也可能是配置選擇性刺激的一個時機。例如給予某位同事較多或較少的注意，是表示他的意見受到重視或忽視的一種方式。而准許某人參與決策，則是選擇性刺激的一種表示。也許你還記得我們在第一章提到，管理者有百分之五十的時間，在羣體中工作。而其中絕大部份的時間都花費在決策活動上。因此，瞭解了羣體這個決策單位，要如何才能平均成員，甚至使最優秀的成員更有效能，是極爲重要的。下一節將介紹許多改善羣體決策的參考原則。

範例10—2 羣體與個人的表現

1. 有其他人在場會提高個人執行工作的動機。
2. 對於錯誤隨機存在的工作，羣體判斷優於個人判斷。
3. 羣體比單獨的個人能夠產生更多更好的解決方案。
4. 羣體通常比單獨的個人需要更多的時間，來完成工作。
5. 羣體學習的速度比個人要快。
6. 在構想產生期間，若不對構想加以批評，則個人和羣體都會產生更多極爲新穎的構想。
7. 羣體討論後所做出的決策，通常比一般人的決策，有較高的風險性。

Source : Marvin E. Shaw, *Group Dynamics* : The Psychology of Small Group Behavior(New York : McGraw–Hill Book Company, 1971) PP.80–83

羣體決策的參考原則

當羣體決策較爲有效時，描述它的各個階段與過程是非常有用的。（請參考 Zaltman et al. 1977）這裏所提出來的階段與過程，只是一種理想狀況，各位不妨把它的說明當作參考。當然，在決策時不使用所有的階段，可能有許多理由。在此，我們將提出兩個模型。然後，我們假設所做的決策是爲了要解決組織所遭遇的問題。

模型一：求同模式（The Consensus-Seeking Model）

第一個決策模型包括七個階段，茲將其略示如圖10—2。第一步稱爲評估（evaluation）。評估是問題的辨識與診斷。在此，管理者嘗試著在羣體中，對組織問題與其所認爲的目標尋求共識。這管理者鼓勵與決策有關的人，澄清他們自己與其他人對論題所持的立場。而共識所尋求的是關於問題與羣體目標間的關聯。

在這個階段，也有必要對羣體或組織處理問題的能力求得一致的看法。例如，某公司的創新羣體想要尋求並評估新的投資機會；公司可能會要求這羣體去尋求一家電子公司來支持，以便讓其在電子業有所發展。而此一羣體的管理者，會希望他的羣體能夠開明的討論這個要求，並表達他們是否以爲這件工作與羣體有關。唯有如此，這件工作眞正才適合他們從事。討論可能有助於羣體瞭解這件工作的適當性，從而提高了羣體成員對解決問題的投入感。

假若羣體間普遍地認爲此一工作不太適當，那麼這位管理者就可能請求讓別的羣體來執行此一工作，或者至少表明，羣體的立場是可以瞭解的，但基於某些理由，他們仍然必須繼續進行這項工作。

第二個階段稱爲解決方案的產生（solution generation）。解決方案的產生是對辨識出來的問題，發展可能的解決方案。例如，那位創新羣體的管理者，也許會想要在現有的資源與限制條件下，儘量發展出可能的解決方案。

第三個階段稱爲內部擴散（internal diffusion）。內部擴散乃是將預定要從事的改革，傳達給所有可能受到改革影響的組織成員。這樣做

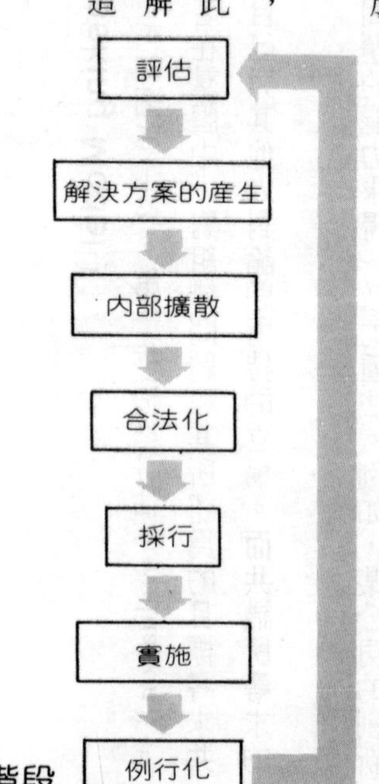

圖10-2 決策過程的七個階段

至少有兩個目的。第一，使得負責解決問題的羣體，能夠透過他人的回饋而對解決方案有所修正。因爲這些人可能會有極爲獨特的靈思。這樣可以提高決策的品質。第二，它能讓更多的組織成員參與決策的過程，因而能在公司內的其他關鍵人員之間，對改革促成更多的瞭解與接受。

當然，內部擴散的需要與否，決定於問題與解決方案的普及程度。假若預定提出的解決方案，所影響的人（除了決策羣體之外）越多，便越需要內部擴散。如果創新羣體預備要買下一家小的電子零件製造商，那就需要更多的內部擴散。然而，倘若預定提出的解決方案，牽涉到一家大公司的兼併，那麼內部擴散的需要，就殷切得多了。因爲許多人都會受到合併的影響。尤其當所合併的是一家大公司時，它既有的方法與程序都很難加以改易。

合法化（legitimation）是本模型的第四個階段。它是將仔細研擬過的組織問題解決方案，全遞給有關人員加以核准，但組織中的高階管理者，並不一定需要尋求核准，因爲所有接受解決方案的權威，統統在他們自己身上。因此，組織中的決策除了是一種理性行爲之外，它還往往是一種政治行爲。

第五個階段是採行期（adoption stage）。採行期當中，羣體接受解決方案的最後型式。這個階段包括解決方案的最後一次規劃，以及爲解決方案的進行做準備。

第六個階段是實施期（implementation stage）。在這裏解決方案眞正在組織中付諸實行。對於責任的歸屬、預定排程、以及最後期限，在此都有所規定。而所有受影響的羣體間的溝通，對於不良後果的預測以及排除是非常重要的。

第七個也是最後一個階段，稱爲例行化（routinization）。它是將實施的新計劃與現有的程序合併起來。而發展並解決有關實施方案時所遭遇的問題是非常重要的。新的角色與新的活動，必須能爲組織成員所接受。此外，這個階段同時也需要評估解決方案。假若評估的結果是負面的，那麼這七個步驟就必須重來一次。

模型二：預動規劃模式（The Proactive Planning Model）

Gerald Zaltman, David Florio, 以及 Cinda Sikorski（1977）提出了另一個模型來引導管理者在規劃的架構中做決策。茲將整個模式的流程略示如圖10—3。這個模型認爲，管理者不僅需要被動地對組織內外環境的改變加以反應（react），同時還必須主動地去影響組織內外的環境。我們將以這種預動（互動）的方式，討論他們所提出的決策的各個步驟。

第一階段：敍述組織的使命（目標與理想）。管理者應該對公司的理想與目標，有一個明晰的敍述。在決策時，應要問底下兩個問題：

組織或次級單位的使命爲何？

未來的決策對此一使命的影響爲何？

當我們做決策時，很容易就會忘却組織整體的使命。提出這兩個問題，只是爲了要防止這種

圖10－3 預動／互動的改革模式

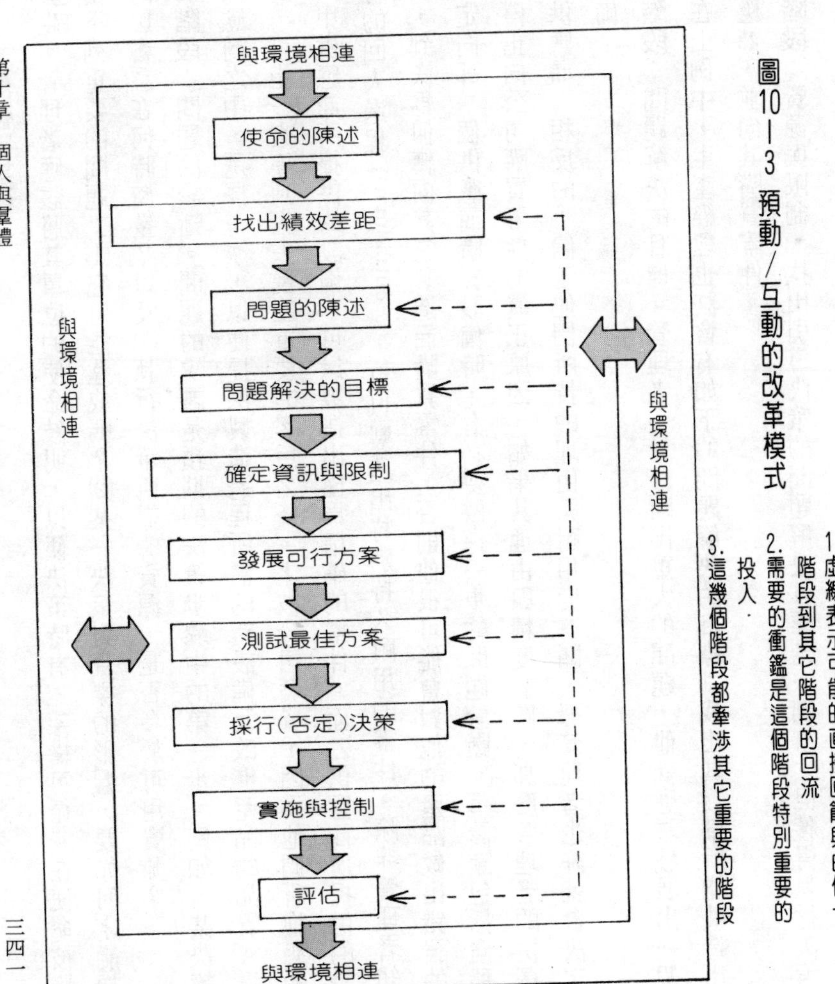

1. 虛線表示可能的直接回饋與由任一階段到其它階段的回流
2. 需要的衡鑑是這個階段特別重要的投入．
3. 這幾個階段都牽涉其它重要的階段

情況的發生。管理者應該將其單位的使命敍明，以便決策時有一架構可循。在使命被接受之前，應先提出下列重要的問題：⑴它可能達成嗎？⑵某一決策對目標的影響，要如何才能加以衡量？⑶決策的影響該在何時衡量？以及⑷執行決策所需的資源，是否多於可用資源？

第二階段：問題的診斷。問題的辨識是預期的決策步驟中的第一步。例如，某決策可能需要從兩家供應商之中，選擇一家，以便提供製造過程所需的新設備及改進產品的品質。這種改進品質的需要，可能一直等到失去幾位重要的客戶之後，才被公司發覺，因爲他們所抱怨的正是公司的品質，甲供應商所提供的設備，可以製造出極爲精確的零件。而乙供應商所提供的設備，則由於其獨特的回火過程（tempering），可以製造出特別持久耐用的零件。除非管理者知道以前那幾位客戶，到底爲何轉向其它製造商購買零件，否則他很可能會對他的產品做出錯誤的改進。因此，在決定向那一個供應商購買設備時，有必要做進一步的問題診斷。這診斷包括向那幾位客戶垂詢他們停止向公司購買零件的眞正原因。如果其理由與精度有關，那麼管理者的抉擇，應該較爲偏向甲供應商。相反的，倘若他們所持的理由與耐用度有關，那管理者也許就會決定購買乙供應商的設備。

第三階段：問題解決的目標。管理者一旦診斷出重大的問題，他就應該發展出一個問題解決的目標。在上例中，生產經理也許會有如下的問題解決的目標：找出其設備所能製造出高精密度零件的供應商，並向其購買零件。

第四階段：資源與限制。找出引導決策的問題解決目標是一回事，但獲得執行決策所需要的資源則又是另一回事。因此管理者應該認淸解決問題時，可能遭遇的障礙以及可能得到的幫助。而同一個因素可能是一種幫助，也可能是一種障礙，這要看此一因素的存在與否。例如，前例中的公司倘有與甲供應商的設備相配合的生產設備，那麼公司就很可能選擇甲供應商。但若公司沒有這種設備，就會阻礙公司選擇甲供應商。然而這種障礙也並不是無法克服的。如果公司有足夠的財務資源，購買此一設備，那麼問題也許就可以解決了；假若很不巧的，公司並沒有足夠的財務資源，那麼現在所擁有的設備，雖然無法與新設備互相配合，卻也不能因而將它們更換掉，在這種情況下，選擇甲供應商的決定，就不太可能了。

另一種資源可能是知識。舉例來說，如果這家公司的採購代理，對供應商與設備的知識頗爲廣博，他也許可以找到另一家生產高精度產品，同時又能與公司現有的設備相配合的供應商。這個採購代理，就其解決此一問題的能力而言，對管理便是一種資源。如果換了是一個見識較淺的採購代理，就可能對管理者造成限制了。

第五階段：解決方案。並非每一個提出來的解決方案都是適當的。組織的本質、它所運用的環境，以及它所擁有的資源，都可能對所提出來的解決方案造成種種限制。而解決方案的限制條件或許無法立即看出來，因此明智的作法，應該是多發展些解決方案。這當中需要儘可能的去搜集有關問題的資訊，同時對於整個公司或部門的要求，以及公司的資源與限制條件，也要多加注意。藉著這些資訊，管理者和他同僚，應該發展出一大串可能的解決方案來。下一個步驟則是去發展實施各種解決方案所需的策略，並評估公司遵行這些政策的能力。

第六階段：測試。如果情況許可，最佳的解決方案應該先加以測試。例如，某醫院為了節省人工成本，乃將其醫院中的床單衣物送由外面的洗衣店來清洗。但為求謹慎起見，也許會先試驗三個月。而在測試期間，可能會有新的解決方案產生。

第七階段：解決方案的採行或否決。到目前為止，我們已經提出好幾個具體的決策，它們都是達成一個較大決策的過程中的一部分。先前的決策包括：澄清問題的本質、解決問題所要達成的目標，以及解決方案等等。另一個決策（這是其它決策一直在引導的）是各種解決方案的採用與否。決策的結果可能會採用某一種解決方案，也可能將所有的方案都否定掉。任何實際或想像的測試（即如果我們採用這個方案，會造成什麼樣的後果呢？）的結果，都會受到評估，然後再對一個或多個解決方案做最後的承諾。

第八階段：實施。在決定採行某一解決方案之後，接著就是要實施。為了成功地實施此一方案，管理者應該留心所有可能的障礙。第一個障礙，可能是因為整個情況不夠明確所造成的。像員工或許並不瞭解自己在實施某一決策時所扮演的角色。或者是採取此一決策的理由，以及員工由此一決策可能獲得的利益，並沒有說明清楚，因此員工可能對實施決策所需的行動不甚投入。

實施決策時可能遭遇的第二種障礙是：缺乏實施決策所需的技術。舉例來說，一家生產旅行用品的公司，最近決定要進行一個大型的市場調查計劃。當這家公司開始實行這個計劃時，他們發現市場研究並不如想像中那麼簡單。它需要應用許多專業技能，才能獲得良好的研究結果。而這家公司知道自己的人員並沒有這些技能，因此乃委託另一家精於市場研究的公司，來進行這件工作。另一種障礙也許是組織的結構本身原本就不太可能實施任何方案。舉例來說，一個極爲複雜的組織，可能就不適於實施某一重大的創新改革。因爲複雜的組織，在將創新的計劃付諸實行時，必需在它的許多個次級單位中，取得廣泛的協調（見十四章）。

因此，在實施期間提供訓練以幫助員工瞭解的這種決策，是極爲明智的做法。而去衡鑑如何才能成功地實施決策所需的財務與人力資源，也是極爲重要的。管理者應該仔細的配置公司的決策，以配合這些需求，並留心它們之間是否有重大的差距存在。管理者也應該想辦法去提高員工對決策的投入感，通常最好的方法是讓他們參與方案的選擇過程。最後，管理者應該認清，是否還可以對組織的安排做改變，以利方案的執行。

第九階段：評估。一旦實施了解決方案，管理者就必須評估方案的結果。基本上，它必須回答底下這個問題：問題解決沒有？而要正確地回答這個問題，則必須確定下列各點：誰要回答這個問題？衡量的方法爲何？在什麼時候評估……等等。有些時候，人們並沒有循著一定的次序來評估決策。結果因此喪失了許多寶貴的經驗，而這些經驗往往可以改善往後的決策品質。

摘要

本章介紹了一般性與選擇性刺激。這些刺激（由羣體所提供）可能會影響個人的行爲、情感、知識狀態。明白這些刺激對工作效能可能產生的影響，對一個成功的管理者而言是非常重要的。同樣的，瞭解羣體決策的特質也是極爲重要的。我們希望你對羣體可能會如何影響你，以及你將如何影響所參與的羣體，能有深一層的認識。

本章參考書目

Behling, Orlando, and Chester Schriesheim. *Organizational Behavior: Theory, Research and Application.* Boston: Allyn and Bacon, 1976.

Buys, Christian J. ″Humans Would Be Better Without Groups.″ *Personality and Social Psychology Bulletin* 4(Winter 1978): 123–25.

Duncan, Robert B., Susan M. Mohrman, Allen M. Mohrman, Jr., Robert A. Cooke, and Gerald Zaltman. *An Assessment of a Structured Task Approach to Organizational Development in a School System.* Washington, D.C.

Hackman, J. Richard. ″Group Influences on Individuals.″ In Marvin D.Dunnette (ed.), *Handbook of Industrial and Organizational Psychology*, PP. 1444–525. Chicago: Rand McNally, 1976.

Hamner, W. Clay, and Dennis W.Organ, *Organizational Behavior:An Applied Organizational Approach.* Dallas: Business Publications, Inc., 1978.

Hellriegel, Don, and John W. Slocum, Jr. *Organizational Behavior: Contingency Views.* St. Paul, Minn.: West Publishing Co., 1976.

Holzner, Burkart, and John H. Marx. *Knowledge Application: The Knowledge System in Society.* Boston: Allyn and Bacon, 1979.

Kelley, H.H., and J.W. Thibaut. ″Group Problem Solving.″ In G. Lindsey and E. Aronson (eds.), *The Handbook of Social Psychology,* vol. 4, 2d ed. Reading, Mass.: Addison–Wesley, 1969.

Laughlin, P.R.′ and H.H. Johnson. ″Groups and Individual Performance on a Complementary Task as a Function of Initial Ability Level.″ *Journal of Experimental Social Psychology* 2(1966): 407–14.

McGrath, Joseph E. ″Small Group Research.″ *American Brhavioral Scientist* 21(May/ June 1978): 651–74.

Newcomb, Theodore M. ″Individual and Group.″ *American Behavioral Scientist* 21(May/June 1978): 631–50.

Porter, Lyman, Edward E. Lawler, Ⅲ; and J. Richard Hackman. Chapter 13 in *Behavior in Organizations.* New York: McGraw–Hill, 1975.

Schneider, Arnold E., William C. Donaghy, and Pamela Jane Newman. Chapter 5 in *Organizational Communication.* New York: McGraw–Hill, 1975.

Shaw, Marvin E. *Group Dynamic: The Psychology of Small Group Behavior.* New York: McGraw-Hill, 1971.

Tedeschi, James T., and Svenn Lindskold. Chapter 13 in *Social psychology: Interdependence, Interaction, and Influence.* New York: Wiley, 1976.

Zaltman, Gerald, David Florio, and Linda Sikorski. *Dynamic Educational Change.* New York: Free Press, 1977.

第十一章 常模、從衆與異常

馬夫正在A&B公司渡過他上班第一個禮拜的最後一天。在報到前，馬夫就已接到公司的人事手册。這一天馬夫的一位高中同學——哈里，打電話約他在石頂餐廳吃午飯。爲了準時赴約，並有充裕的時間吃飯，馬夫必須現在就離開公司（11:30 A.M.），同時很可能在1:30 P.M.之前趕不回來。而人事手册上明白的規定：除非是業務約會，否則所有的午餐，都必須在正午到下午一點之間的一個鐘頭完成。然而馬夫知道，雖然有些人在中午根本不離開公司，但是仍然有幾位同事經常花兩個小時的時間出去吃午餐。除了職員之外，馬夫不知道還有誰眞正遵照手册的規定，花一個小時吃午餐。馬夫於是向哈里說明了他的情況，並加以解釋道：「我想沒有人會注意我眞正離去的時間，但是我仍然要遵照規定行事。」

常模的建立

互相影響的個人（如機器操作員和領班，在同一裝配線上工作的一羣操作員等），對其他人所應該及不應該做的行爲都有某些期望。簡而言之，人們被期望著去符合稱爲「羣體常模」的行爲標準。這些預期或標準與個人行爲有各種不同的吻合程度。一個人的行爲越與這些標準或預期一致，那麼這個人就稱爲愈「服從」（conform）羣體常模。反之，這行爲若愈與這些標準不同，這個人便稱爲愈與羣體常模「離異」（deviate）。這「常模」（norms）、「從衆」（conformity）及「異常」（deviance）的概念正是本章討論的中心意旨。

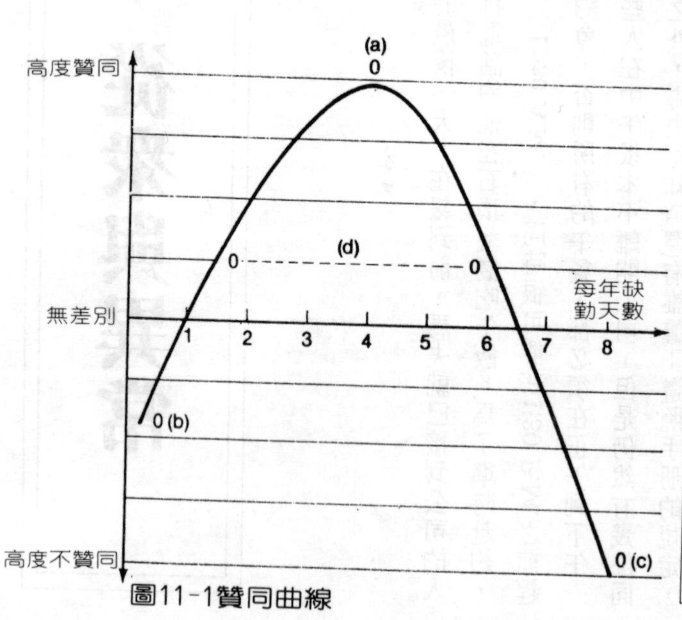

圖11-1贊同曲線

Jackson在一九六六年提出了一個研究羣體常模的好方法。這個模型有兩個向度，一個是人們對某一特定行爲贊同與不贊同的程度，而另一個向度是表現這行爲的程度。這兩個構面以圖11-1表示，便是一條贊同曲線。例如圖中的曲線可以代表無故缺勤的羣體常模。最爲大家所贊同的行爲是(a)點。某種程度的無故缺勤是適當的；如果已有人曾經無故缺勤，那其他人在缺勤時也就比較覺得順理成章。假如此時你從不缺勤（(b)點），那便會相對地使那些缺勤的人顯得較惡劣，因此他們可能會反對你，甚至對你施以嫌惡的壓力。另一方面假若你缺勤太多（(c)點），可能導致他人的工作無法準時完成，因而引起他人的嫌惡。你爲他人所容忍的範圍如圖中的虛線(d)所示。在我們的例子，只要無故缺勤的數目不小於二不大於六都是可以被容忍的。

常模

常模的重要性

常模有很重要的功用。第一：它們提供行爲衡量的資訊。第二：常模對維持羣體的存在是很重要的，對羣體忠誠的常模，可以鼓勵人們繼續成爲羣體的一員。第三：常模可以提高羣體的效率，特別是當人們很少對這常模質疑的時候，效率更可提高。身爲一個新僱員，你也許只認爲標準的工作程序是合理的，然後毫無條件地接受它（如上例中的馬夫）。第四：常模可以減低不正確性。有些常模提供了明確的方向，使你不必爲某特定情況下，行爲的適當與否花太多的心思。

常模的內容

欲了解常模的最好方法是由幾個例子開始。有兩位研究人員（Allen and Pilnick 1973）提供了一個有趣的觀點，他們將各種不同類別的常模區分爲正面與負面。表11-1列出了幾個這種區分。例品，關於績效的常模，正面的常模是組織成員想法子改變他們的績效，即使他們已經做得相當不錯了；負面的常模是員工們滿足於最低限度的績效表現。

同事關係也有其常模。負面的常模可能是一種對同事的漠不關心甚或破壞性的態度（即除非絕對必要，否則決不去幫助同僚，甚或故意爲難同僚。）另一類常模是誠實與安定，當成員們把不誠實與偸竊當一回事時便是正面的常模。當成員們只有在必要時才不偸竊與表現誠實，則負面常模就充斥在羣體之中。其他類別的常模則關於組織和榮譽感，團隊精神與溝通，領導和監督，顧客關係，訓練及人力發展，和組織改變。你所屬的正式與非正式羣體有那些正面或負面的常模呢？

常模傳達的方法和權威的來源

瞭解常模如何傳達，將有助於你的新員工接受舊常模，而使舊員工易於接受新常模。常模有時是透過與自己最親近的同事傳達，像是裝配線工人與推銷員等。另外有些常模是透過像員工訓

表11－1 組織常模的正面與負面例子之類別

類別	例子	
	正面常模	負面常模
組織與個人自尊	當組織受到不公正的批評時：其成員挺身為組織辯護。	組織成員不在乎公司問題。
績效	即使已經很好了，但組織成員仍想法子改善。	組織成員對最低的工作要求感到滿足。
團隊精神／溝通	組織成員願意傾聽並接納其他人的意見與構想。	組織成員在背後說大家的閒話，而不公開處理一些問題。
領導／監督	組織成員在需要時會要求援助。	組織成員隱藏問題，避免與其上級接觸。
同事關係	組織成員拒絕佔其同事的便宜。	組織成員不在乎同事的死活。
顧客關係	組織成員對服務顧客表現出關切。	組織成員對顧客毫不關心，有時候還表現出惡意。
誠實與安定	組織成員對不誠實與偷竊行為表示關切。	組織成員想要偷竊，除非必要，否則絕不誠實。
訓練與發展	組織成員對訓練與發展確實表現出關切。	訓練與發展，談得很殷切，卻無實際行動。
革新與改變	組織成員總在尋求較佳的方法，從事自己的工作。	組織成員墨守成規，不求突破。

練班或專業學會之類的羣體來傳達。

通常，首要羣體常模或對個人最爲重要的羣體常模，要强於次要羣體常模或對個人較不重要的羣體常模。假如對於什麼是適當的行爲有不確定時，公司員工會從最具權威的來源尋求資訊。不論這來源是首要或次要羣體（Shepard 1977）。綜合上面的兩個想法，可知來自於高度權威感而又爲首要羣體之常模，對員工（包括你自己）行爲較有影響力。然而，由首要羣體及另一個較不重要但有較高權威羣體所傳達之常模常有衝突矛盾之處。（見圖11—2）

例如，新進雇用的祕書訓練學校畢業生，會想辦法對他們所看到的公文內容保持緘默，尤其是這公文與同組織中的其他人相關時。這種行爲的重要性除了在他們的訓練課程中會經强調外，他們的新老板也强調過。而訓練課程和他們的新老板在他們的想法中又都是高權威的羣體或來

圖11—2　高權威與首要群體間的衝突

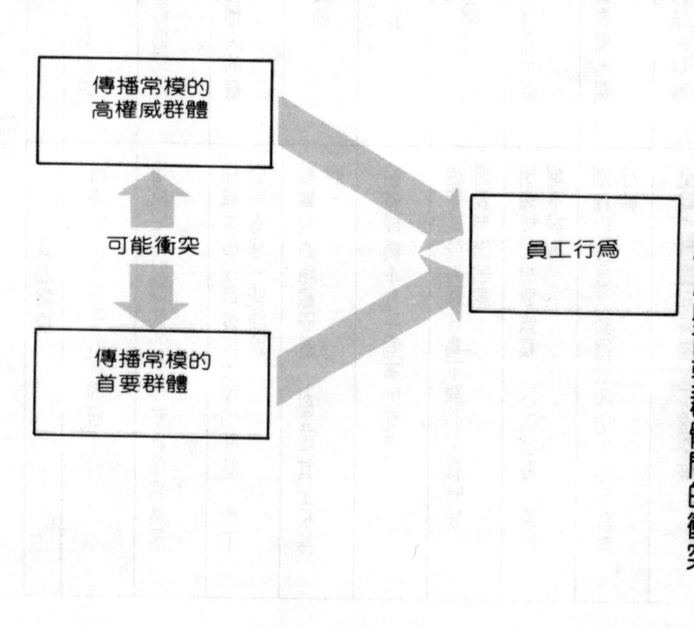

源。然而也許某家公司的祕書之間有種常模就是：大家要共享資訊，如此便與前者產生矛盾。這種矛盾很可能就發生在祕書初次工作，而且又是幾個祕書共用一個辦公室時。在這種情況下，新來的祕書可能在其他祕書正以輕鬆方式談天時，覺得有必要提供一些吸引人的內幕消息。如此爲求「服從」某一常模而必須「離異」另一個常模時，行爲往往趨向多變難料。以下我們將在討論過「從衆」與「離異」的概念後，再回到這個主題。

常模的接受

明白某種情況下的常模是什麼，與知道你爲何接受這個常模是完全不同的兩回事。通常常模的接受有兩種主要的向度（Gibb 1965, Broom and Selznick, 1973）。第一：你可能因爲眞心相信某一常模是好的，而接受它。就像你可能不贊成在午餐室吸煙，這並非因爲吸煙會干擾不吸煙的人，而是因爲你認爲不吸煙是應該的。第二：你可能只爲了避免支持常模的團體或人的懲罰，或爲了贏得他們的歡心，而接受這個常模。吸煙的人很可能並不認爲在午餐室不吸煙對他們的健康有什麼好處，然而透過不在午餐室吸煙，會獲得那些不喜歡午餐室煙霧迷茫的人的歡心或能避免他們的嫌惡。就因爲這種期望獲得獎賞或害怕懲罰的心，使得吸煙者接受了這個常模。至於不吸煙的人，則可能因爲一些更基本或與健康有關的理由而接受相同的常模。

影響常模的接受與否的因素很多。羣體裏面接受某一常模的人愈多，則新進員工就愈可能接受此一常模。比方，如果老員工之間普遍存在著對新機器設備的排斥感，那麼一位新僱來使用這些設備的員工，也很快會有同樣的常模，或者至少有相同的反對態度。（見 Wedderbum, 1972）這是因爲一個已被廣爲接受的常模，如果違背它會激起支持者的懲罰行動。此外，這些常模可能有效地透過明白的語言來傳達（例如：那機器很快的就會使某些人瞎了眼），或者透過不明顯的方法來傳達（故意不細心地去使用或維護這部設備），而一個爲很多人所强烈支持的常模在應用上就顯得缺乏彈性。表達常模的途徑不多，因此，爲增加工人們的服從，表達方式易流於直接明確。另外，工人很少有機會能夠對這常模陽奉陰違。（見圖11—3）

常模的應用

常模隨著應用環境的不同而改變。比方，一個推銷員已達到了這一年度的配額，那麼對其他推銷員而言，這位推銷員除非到了下一期，否則

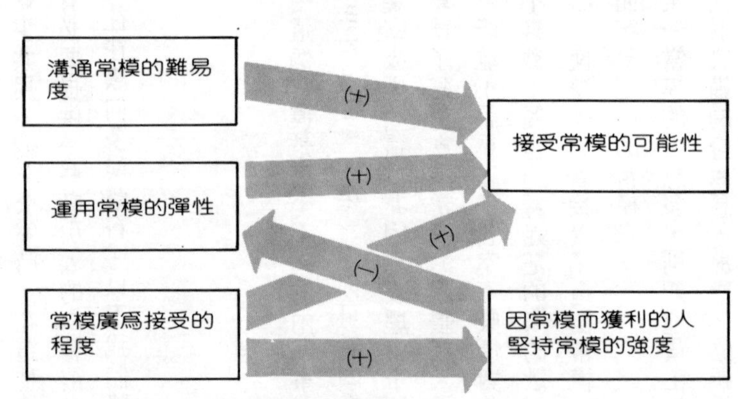

圖11-3 影響常模接受的部分因素

似乎不該再交出新的訂單，因爲這使得這位推銷員在下一期較易達成配額，而其他推銷員也不會相形之下，顯得不具生產力。然而，如果實際的情形是：一個配額固定的地區，同時擁有好幾位推銷員，那麼除非區域配額已經達成，否則遲延交入訂單，是不受歡迎的行爲。假若公司爲羣體績效提供獎金，則即使配額達成，亦不會有遲延交入訂單的常模，更進一步說，這種常模將不會應用在涉及傭金的產品或勞務上。

常模的表達

我們在前面曾經指出，常模可能以正面的（你應……）或反面的（你不應……）方式來表達。它也可以用明確而直接的方式表達，或者它們根本從未公開的被表白過。例如：誰可以使用主管的洗手間或餐廳？表面上這個問題決定在誰有洗手間的鑰匙，或誰在餐廳有預約。另一方面，就你及你的同事而言，對某一執行副總裁禮讓有加，可能是稀鬆平常的，但對其他的公司主管也許就不是那麼一回事，這種行爲的原因無法由一些表面的指標（例如公司有關特權的規定或政策等）看出來。

常模的制裁

常模執行的方式，很顯然會影響你從衆的程序。通常，常模的執行愈是正式化，人們愈會奉行它們。同樣地，服從常模所得之獎賞或因離異常模所遭致的懲罰愈是強烈，則從衆的傾向就愈大。這帶給我們兩個重要的相關概念—從衆與異常。

異常（Deviance）

常模之所以有趣，主要是因爲它並不明確的描述行爲準則，它只是去射影行爲準則。而常模及行爲的觀念之所以對管理者有重要的影響，其眞正的原因乃常模與行爲往往並非十分相關。有很多力量促使人們去服從或離異常模所暗示的行爲，而明瞭這些力量的本質及運作，對於一個管理者是非常重要的。首先我們要說明有關異常這個概念的一些觀點。

異常可以視爲常模與行爲之間的差異（Hawkes, 1977）從這個觀點來看，則異常可能是正面的（從衆過度），也可能是負面的（不夠從衆）。

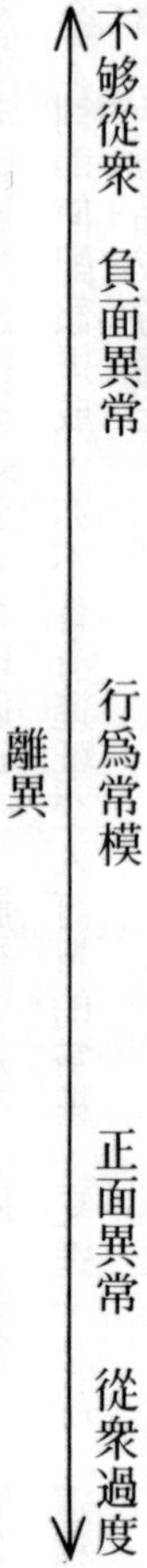

不够從衆　負面異常　　行爲常模　　正面異常　從衆過度

離異

當然，可能有些情況，它的常模同時也在上圖中正方向的極端位置，因此就不會有正面異常的情況發生。例如：在某種特殊的情況下，罷工可能是常模所要求的行爲，但是此時，人們不可能有什麼中度罷工，或罷工過度的情形產生。相反的，如果常模要求的是降低工作速度，則有些工人會降得過低（正面異常），而有些工人則會比常模所期望的還要高些（負面異常）。這裏所謂的正面與負面是以同意罷工工人的看法爲準。就管理當局的觀點而言，上例中負面異常的工人，則又相對地變成正面異常了。

當人們離異常模時，控制機能就發揮作用了，這些機能或許是內在的。當你離異常模時，你可能感到很難受，或者有罪惡感，因爲你並沒有奉獻出你應當付出的，或是因爲奉獻太多而觸犯了你的同事。這種感覺會使你更密切的去服從常模。你也可能會覺得離異常模會違反某些重要的價值觀。爲了求得行爲與價值觀的一致，你便會去改正你的行爲。控制機能也可能是外在的、社會制裁的威脅，或是正式規章的執行，都能使行爲與常模趨於一致。事實上，抑制異常行爲的

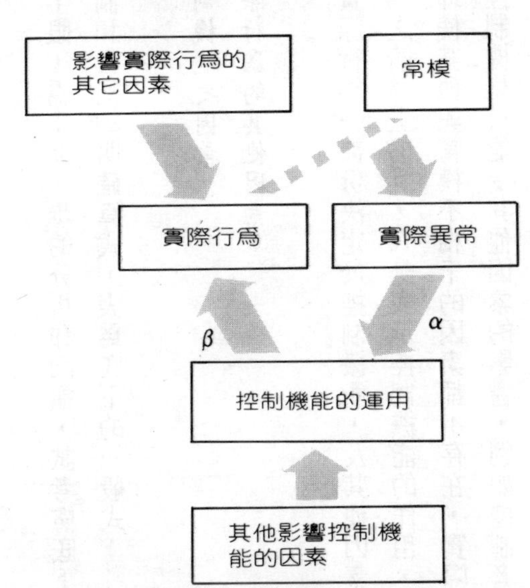

圖11-4 與常模有關過程的關鍵觀念間之關係

內外在控制機能有很多。而這些機能則主要決定於下列因素：此一機能所牽涉的個人（尤其是在內部控制機能時，此因素更形重要）、受此人影響的其他人（尤其在外部控制機能時，尤然）異常行為發生時的情境以及異常行為所可能引起的問題。

我們一直在使用常模、異常和控制機能這些字眼，為了進一步的分析和回顧，試考慮底下的敍述，它將Hawkes（1975）所提出有關異常控制和行為的明確算式，表為底下的一般式：

1. **異常＝常模－實際行為**
2. **控制機能＝某種程度的異常＋其他影響控制機能之因素。**
3. **實際行為＝某種程度的控制機能＋影響實際行為的其他因素。**

這些觀點也可以用圖11—4表示：

如此，異常是由常模及實際行為所決定，而實際行為一部份決定於控制機能，及其他因素，如缺乏繼續異常的機會。從控制機能指向實際行為之箭頭上的β，只是表示控制機能的作用，並不對實際行為具有百分之百的牽制作用。因此，即使其他與常模不相干的因素都不存在，實際行為也不是全部決定於內、外在控制機能。同理，控制機能可能受其他因素的影響，例如控制者所擁有的資源，甚或對異常知覺的程序。若這些因素都不存在，某一特定水準的異常程度亦不能促成與其相當的控制機能作用。從異常指向控制機能的箭頭上的α即說明了這一點。中度異常可能產生低度的控制機能作用，亦可能產生高度的控制機能作用。

圖11—4歸納了許多有關常模、異常和社會控制的基本觀念。這是個非常重要的說明，並值

得我們用底上這個例子加以探討。假定某工會要求生產線上的工人降低其工作速度，亦即以大約正常速度的百分之六十來工作。爲了簡化起見，我們單單討論一個離異這個常模的工人（你）。你實際的行爲是以平常速度的百分之九十在工作，在這裏，異常的大小是以常模及實際行爲之間的差距來衡量，換句話說，你較常模所要求的高了百分之五十，這百分之五十就是你離異的程度。正如圖11—4所指出的，這種實際行爲可能是由其他與怠工無關的因素所造成的。然而你之所以得到這工作，可能是因爲某主管的幫忙，所以你覺得有義務做好這份工作，或者，你可能覺得工人與工廠訂有契約，工人理應爲工廠效力，更何況管理當局待工人還不薄，所以你更應該忠於契約。你的薪水也許是論件計酬的，而當罷工進行的時候，你正好有希望得到工作獎金，而且也迫切需要這筆錢。所以你的異常會引起其他工人對你有所行動，尤其當他們認爲你的行爲會影響他們罷工的效果時。如果他們認爲你的行爲很可能破壞他們的目標，使管理當局認爲工人們是四分五裂，沒有力量的，那麼其他的工人們便會反應得很激烈，好像你已超過了百分之一百五十，而不是百分之五十。

另一方面，工人也可能覺得你的表現，對於他們的罷工行動不會造成多大的妨礙。如此工人們對你的反應，好像只是輕微地違反了這個常模。而控制機能較爲强烈的反應可能是不跟你說話，或者以其他形式的社會制裁，較爲溫和的反應則可能是偶而的挖苦與諷刺。其他因素也會影響控制機能。其他人可能會因爲你的人緣特別好，或者同情你的經濟狀況，而鼓勵你繼續以高的績效工作。在這種情況下，雖然你的異常程度足以引起强烈的控制力，但這些因素仍會多少抵消一些控制力。相反的，你可能是不受歡迎的，這時你的異常卻提供了一個讓其他工人發洩恨意的口實，如此控制機能的作用就因而變得較爲强烈。

你的實際行爲除了受財務需要、對管理當局的責任感等因素的影響，同時也受控制機構作用的影響。你可能繼續以高於其他人百分之五十的速度工作。而繼續蒙受他人的社會制裁，你可能讓步了，將工作速度降至大約與常模所要求的相等。你也可能對別人施加的壓力感到憤怒並以更高的工作速度來做爲抗議。

從衆（Conformity）

控制機構的作用是在造成從衆（Conformity）。從衆表示羣體藉著影響力改變個人的行爲、信仰，使其與羣體的一致的過程。（Simmon 1978, 細節見 Kiesler/Kiesler, 1969）如此，異常是偏離常模的行動，而從衆則是趨向常模的行動。這裏有一些術語必須注意一下。一個行爲與常模中度不同的人，可以叫做「相對從衆者」（relative conformist）或是輕微異常者」（Slight deviant）。事實上，有些學者認爲去劃分從衆和異常的解釋是沒有必要的。因爲一個適當的解釋可以同時說明兩者。（見 Hawkes, 1975, P.892）

然而，人們離異常模的原因和趨向常模並不相同，這是非常重要的一點。當然，我們也許可以說沒有羣體壓力，將會導致異常，而羣體壓力的作用能導致從衆，因而可以將從衆和異常歸因於同一因素——即羣體壓力的存在與否。然而，就同一常模而言，我們却不能說異常者和從衆者所得到的獎賞與懲罰是相同的。人維持做一個與衆不同的人，對於異常者而言，可能有其內在的鼓勵作用。但他若做一個從衆者，則不僅內在受到鼓勵，尙可得到來自同儕的外在獎賞或贊許。一個人也許因爲家庭壓力而成爲異常者，即使這些壓力並不因從衆或異常而改變。不論他離異或服從有關生產力的常模，他仍然感受到經濟拮据的壓力，因此，管理者必須了解，不管實際行爲和常模一致的程度如何，異常和從衆的誘因可能同時作用著。

從衆者的類型

George G. Homans 曾經提出從衆者和異常者的類型（Homans, 1974）。他所提出的類型有五大類，想想你是屬於那一類型？第一是眞誠的信仰者。這種人一開始便服從常模，並認爲從衆是值得的。如果這個常模正是管理者所希望的，則這一型的人，就管理的觀點來看，該是最理想的了。第二類是自由參加者。這種人相信常模是合理的，但並不特別喜歡去服從它，只要他認爲常模所欲完成的目的已經達成（例如達到某種程度的銷售或生產水準），他們就不覺得有服從常模以達成目標的必要。實際上，這些人通常只是極少數，他們因大多數的服從常模，達成目標而佔了便宜。（Olson, 1965）在這層考慮之下，管理者所面臨的課題，就是找出自由參加者，再施予社會壓力。將羣體配額中，將各個推銷員的貢獻公開地繪於圖上，這樣誰對銷售額沒有貢獻，便可一目了然。這是一個廣為採用的技術。

第三就是懷疑的從衆者。這種人並不認為服從常模有什麼好？但是他們還是服從它。他是由於其他因素而從衆的，例如，害怕社會制裁等。換句話說，一個工人可能不覺得羣體所接受的常模（此指對配額或特定生產量有所貢獻）有什麼重大意義，可能他認為這標準是隨意訂定的，是稀鬆平常的，而且是不會影響獎金的。他不覺得羣體努力去達成配額對整個羣體有何價值。然而，假若整個羣體的想法正好相反，它就會懲罰沒有貢獻的人。因此，即使是極度的懷疑者，也會服從羣體常模的。

第四是特立獨行者（holdouts）。對於特立獨行者施予社會制裁，是不會有多大作用的。這種人不很在意同事們是否喜歡他，他們是懷疑的異常者。這種人是進度破壞者（rate-buster），他們很可能以做一個異常者而感到滿足。「一個看重個人工作成果的人，對離異常模所得到的（例如高的工資）。有較大的滿足，而對所失去的（如：與其他人的社會關係）則不那麼在意。」（Homans, 1974, P.107）也許他們受制於外界壓力，而不得不成為一個異常者。例如：家庭財務問題。特立獨行者也可能是抗拒心理（reactance）所造成的，也就是說，假若要求從衆的壓力激怒了異常者，那麼即使服從常模是明白而公認的道理，他可能以持續的異常做為反應。

最後一種稱為逃離者。這種人最初不願服從常模，最後則離開羣體。這些人仍然懷疑常模，他們對自己的異常是堅決的，但他發現繼續留在羣體內當一個異常者的代價太高了。因此，他會去尋找其他的羣體。在那裏，他們的行爲被認爲是從衆的，或者至少不會有相同程度的懲罰。

服從常模的影響因素

爲了讓你對從衆及異常有一個整體的概念，在此對影響服從常模（或離異常模）的因素做個評論，也許是有用的。（有關這個題目的討論見Haas and Drabek,1973; Kiesler and kiesler, 1969; and kiesler, 1978）茲將其因素列於下：

內化（Internalization）：員工可能因爲常模在基本上被認爲是對的，而去服從它。實際上他們卻很少會去仔細地想過爲什麼要從衆？例如：幫助新同事適應他的新工作就是一個例子。

適當（Appropriateness）：人類也許是因爲覺得常模是必須的或適當的，而去服從一些對他們可能產生不便的常模。某些工人也許不喜歡比別人早到一個小時，但爲了工作上的需要，例如預先將機器設備安排就緒，而早到一個小時。人們也可能因爲某某權威人士的指示而對常模遵守無誤，只因這些權威人士的話總被認爲是對的。這種情形，在軍隊、宗教團體、心理療法及羣衆決策中尤其明顯。同理，當從衆的壓力被認爲是出自權威來源時，從衆的程度會比較大一點。

支持行爲的多面性（Diversity of Support）：愈多不同的人和羣體支持的常模，人們愈會去服從它。當工會主管、工廠領班，和工人們都對某一程度的產出表同意時，個別工人比較會去服從這個產出水準。假若這水準只是由工廠領班或管理階層所約定，而其他人對此仍有微詞，那麼工人比較不易服從此一水準。

順服之可見度（Visibility of Compliance）：從衆或異常愈易觀察，人們便愈容易服從常模。如果其他工人無法察覺到某一工人是個進度破壞者（rate-buster），他們就不容易知道這個事實，因此也就比較不會對他施加從衆的壓力。

懲罰的權力（Power of punishment）：當異常者受到從衆壓力的限制時，順服的可見度更顯得重要。異常者受制於從衆壓力的程度，決定於制裁力的大小。服從常模的獎賞或離異常模的懲罰愈强烈，則人們愈會服從它。這裏的獎賞也許是他人的好感與接納，或者是提高個人的工作績效。（見第八章）

常模制定的投入（Involvement in norm making）：個人參與制定常模的程度愈高，（例如生產配額），則個人服從此一常模的可能性愈大。這種情形即使羣體產生的常模與其個人的好惡不合時，亦能成立。

外在威脅（External threat）：羣體所受外在威脅愈大，則羣體內的成員對於與相關此一威脅的常模，表現得愈爲一致。工人們會不顧艱難的同意或支持罷工。因爲他們認爲罷工的失敗，將會削弱羣體（工會）的談判力。（見 Stredy and Kay, 1966; and Dovidio and Morris 1975）

不確定性（Uncertainty）：人們可能只爲了減少不確定性而服從常模。在什麼是較好的行爲模式並不明顯的情況下，跟隨羣體常模，也許是較爲容易的。要明瞭常模的適當與否，代價可能很高，而對異常行爲的懲罰到底如何？也是個未知數。因此爲了避免受到嚴重的懲罰，人們寧願服從常模。

摘要：

這一章引介了三個基本概念：常模、從衆與異常。伴隨著一些觀念模式，這裏也介紹了許多關於這三個觀念的運作的研究結果。這一章最重要的觀點就是服從和離異常模是一個動態過程。有時候你可能會密切地服從常模，有時，你也可能大大地違背了常模。本章提供了很多影響從衆和異常程度的因素，明白這些因素是什麼，可能有助於你（管理者）對同事與部屬之從衆和異常程度的影響控制。

本章參考書目

Allen, R.F., and S. Pilnick. "Confronting the Shadow Organization: How to Detect and Defeat Negative Norms." *Organizational Dynamics* 1(1973):3–18.

Broom, Leonard, and Philip Selznick. *Sociology*. 5th ed. New York: Harper & Row, 1973.

Dovidio, J.F., and W.N. Morris. "Effects of Stress and Commonality of Fate in Helping Behavior." *Journal of Personality and Social Psychology* 31(1975):145–49.

Gibbs, Jack P."Norms:The Problem of Definition and Classification." *American Journal of Sociology* 70(March 1965):586–94.

Haas, J. Eugene, and Thomas E. Drabek. *Complex Organization: A Sociological Perspective.* New York: Macmillan, 1973.

Hawkes, Roland K."Norms, Deviance, and Social Control:A Mathematical Elaboration of Concepts." *American Journal of Sociology* 80(January 1977):886–908.

Hellriegel, Don, and John W. Slocum, Jr. *Organizational Behavior: Contingency Views.* St. Paul, Minn.: West Publishing Co., 1976, p. 174.

Homans, George G. *Social Behavior: Its Elementary Forms.* Rev. ed., pp. 100–108.New York: Harcourt Brace Jovanovich, 1974.

Jackson, J."A Conceptual and Measurement Model for Norms and Roles." *Pacific Sociological Review* 9(1966): 35–47.

Kiesler, Charles A., and Sara B. Kiesler. *Conformity.* Reading, Mass.: Addison-Wesley, 1969.

Kiesler, Sara B. *Interpersonal Processes in Groups and Organizations.* Arlington Heights. I 11.: AHM Publishing Corp., 1978.

Olson, Mancur. *The Logic of Collective Actions.* Cambridge, Mass.:Harvard University Press, 1965.

Shepard, Jon M."Technology, Alienation and Job Satisfaction," *Annual Review of Sociology* 3(1977): 1–21.

Simmons, Richard E. *Managing Behavioral Processes:Applications of Theory and Research,* p.180. Arlington Heights, I 11.:AHM Publishing Corp., 1978.

Stredry, A.C., and E.Kay."The Effects of Goal Difficulty on Performance: A Field Experiment." *Behavioral Science* 11(1966): 459–70.

Wedderburn, D. *Workers' Attitudes and Technology.* London: Cambridge University Press, 1972.

第4篇 組織問題

提要

羣體透過口頭或非口頭的溝通來影響個人，因此溝通是個人或羣體間傳達意見的基本方式。所以，如何做一個有效的溝通者，對管理是極為重要的，一個有效的溝通者，不僅要知道如何具有說服力，同時還要明瞭組織內的溝通流程，以及如何監督這些資訊的內容。諸如這些重要的組織問題，是十二章探討的主題。當然，溝通類型與組織結構的方式是糾結在一塊兒的。組織結構由溝通類型而來，而此一結構卻又透過對人格或組織氣候的作用影響著溝通類型。這當中以組織結構和氣候對問題解決的活動尤其重要。所以十三章討論的是組織結構和氣候的問題，並特別以問題解決（problem-solving）來說明。為了解決問題，往往會造成組織的重大變革。而決定實施某一解決方案，是革新和組織改變的一個事例。管理者必須了解有關改革的基本心理學與社會學。十四章討論的就是這些題目。在十四章中也將闡明決策活動、溝通程序，和組織結構對參與組織改變的管理者是非常重要的。

第十二章 溝通策略與溝通網

Alice 正式向公司的審議委員會提出她的新產品計劃。雖然她用了許多圖片、摘要地說明了她的計劃，並且還穿插問題與答案，但是董事長還是中途打斷了她的解說。他說：「Alice，我想你還是回去重新整理你的構想，你只是在說話，而不是在溝通。」

「溝通」是保持組織完整的黏著劑，如果組織內的各個分子無法互相或與外界溝通，那麼這個組織便不能生存。溝通是有效地交換情報與想法的過程。當人們能夠互相瞭解時，就有溝通。否則，麻煩就會產生（像 Alice 那樣）。

構成溝通過程的因素

構成溝通過程有幾個因素。第一是溝通的來源：這是以一種符號的形式來表達思想，而這種將思想或意義轉化成符號形式的過程叫做「編碼」（encoding）。轉化後的形式通常是一件公文或一句話。然而，這形式也可能是表示讚賞部屬的臉部表情，或是代表員工士氣低落的缺勤率。符號透過管道（channel）傳達給意欲解釋符號意義的人或羣體。這管道也許是一系列需要核准引進新產品方案的人，也可能是一套複雜的電子設備，或者只是將聲音傳達給聽衆的空氣。受訊者是預定的資訊接受者。當然，非預定的接受者，如競爭廠商或主管，也可能透過傳言或其他方式得到資訊。「訊息的目的地」（destination）這個觀念表示：當「溝通資訊」到達後，所造成的結果。預定的受訊者通常會表現出理解「溝通資訊」的形跡，而理解溝通資訊的過程叫做「解碼」（decoding）。當編碼過的思想與受訊者解碼後的思想一致時，溝通就發生了。而受訊者對解碼溝通資訊的表白，稱爲「回饋」（feedback）。圖 12—1 表示這些溝通過程的基本特徵。在圖12—2中將把圖12－1的觀念更詳細地列示出來。

剛剛提過的各種基本因素都是互相關聯的，如圖12—1的虛線所示。例如，來源對意義有巨大的影響。如果你是一位銷售經理，對於一個無法將產品賣給某一大公司的甲推銷員，你表達出你的不滿，而這位甲推銷員也可能很淸楚地明白你的意思，同時他意識到或許年終獎金會因爲如此而減少了。但是，假若這個不滿是來自另一位乙推銷員，那麼甲推銷員或許便會以爲乙推銷員有優越感。這些不同的意義來自於同樣表達不滿意的不同來源，雖然他們所用的字眼可能完全一樣。另外，表達不滿意的管道，也會影響受訊者解碼所得的意義。例如，身爲銷售經理的你，寫了一封表達你不滿的信給推銷員，這時推銷員馬上了解到你對所喪失的銷售額頗爲生氣，同時他也明白這封信的副本可能會納入他的人事檔案中。然而，如果你的不滿意只是不正式地在談話中（面對面的管道）提及，這推銷員可能以爲你只不過有點兒不高興罷了。所以，你的面部表情（編碼技巧）可以表達幽默或生氣，更進一步影響這推銷員對你的口頭敍述的解碼。同時，透過推銷員對你的反應，可以明白訊息是否已經正確地解碼了。同理，書面訊息所使用的編碼技巧也是重要的。這推銷員對於一封只表達不滿訊息的

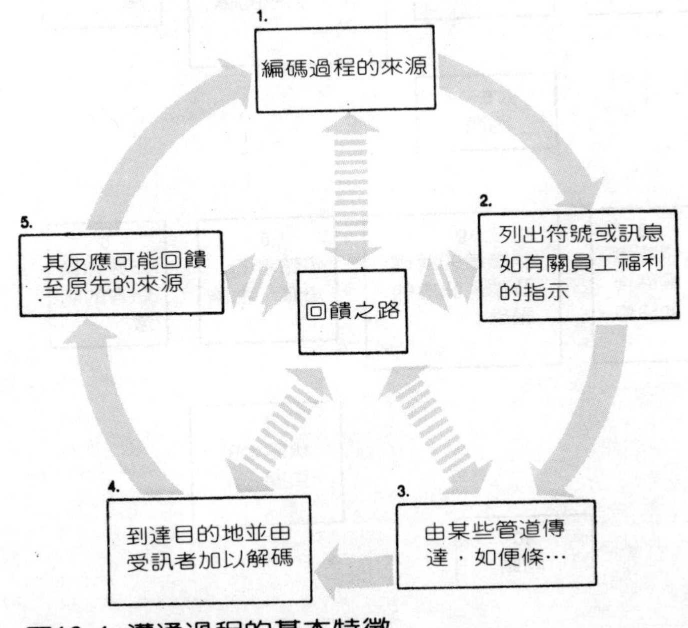

圖12-1 溝通過程的基本特徵

圖12-2 資訊交換的流程圖

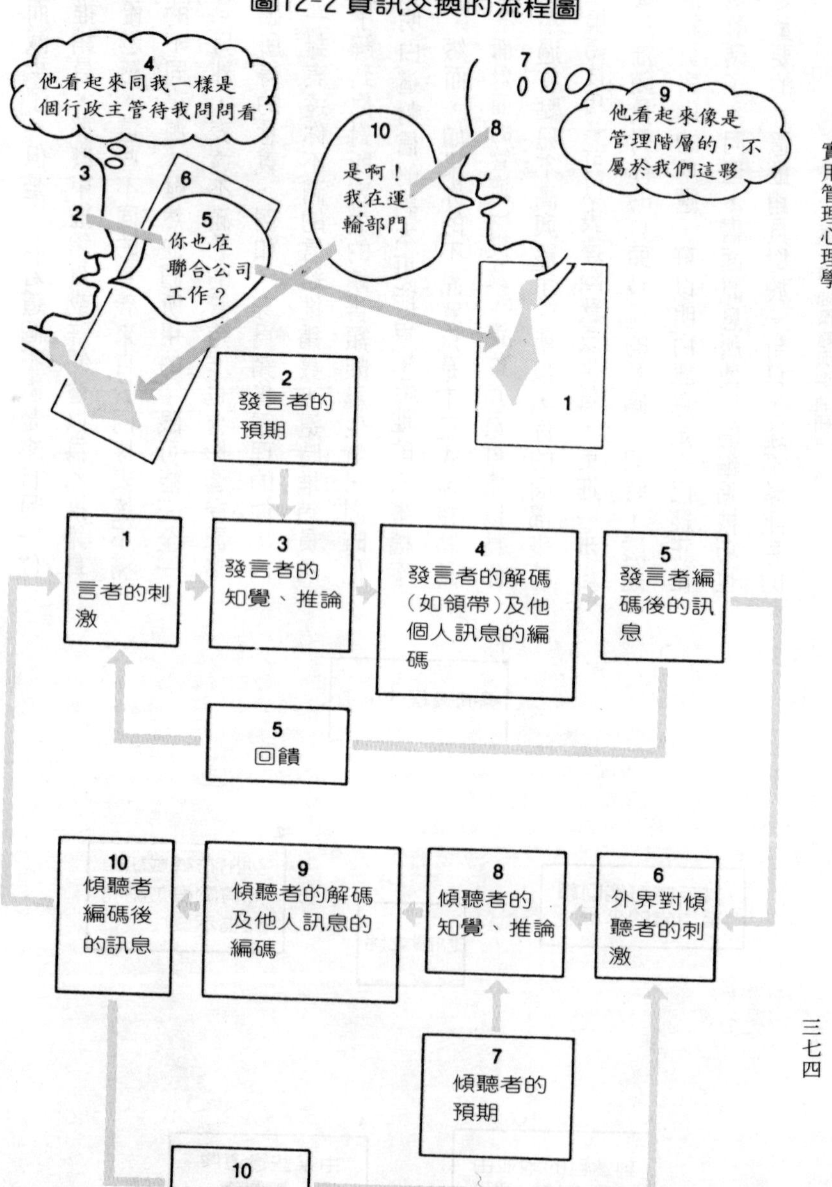

信的感受，比起一封又包括其他不相干問題，來得嚴重許多。

說服性的溝通

很多時候，溝通的目的是要去說服一個或多個組織成員，以改變他們的態度和行爲。溝通可能與增加（或減少）對羣體常模的從衆有關（見十章）。又可能與提高動機（見三章），或接受組織中的改變有關（見十四章）。在第八章中，所討論的各個影響力模式都涉及某種形式的溝通。實際上，關於利用溝通來獲得或保有權力的過程，已經有一些有趣的研究。（例如：見 Bowers, 1974）因此，你會發覺，在說服性的溝通過程中，一套特殊的步驟是有用的。現在，讓我們來看看實際建立溝通網的一些概念。

觀念架構

William J. McGuire 指出了說服過程中的六個步驟（McGuire 1973）：

1. 以一種適當的方式表達資訊。
2. 引起對溝通的注意力。

3.確保對溝通的理解與瞭解。
4.獲取對溝通的接受。
5.確保對溝通的留存或持續的接受。
6.穩固期望的顯性行爲。

這六個步驟的每一個基本構成要素，可以同許多其他的溝通因素（見圖12—3）合併考慮。圖12—3中的每一方格代表設計說服性溝通之管理者對溝通的一個基本考慮。例如，方格1問：「什麼是『表達』，或結構一個『訊息』最好的方法？」方格2問：「爲了確保找得到員工的『注意』，我該使用那一個溝通『管道』或媒介呢？」方格3表示：「預定的『受訊者』（或溝通的目的地），能夠『瞭解』我的訊息嗎？」方格4則問：「什麼樣的資訊『來源』最爲人所採信？從而有助於使員工『接受』所推行的改革？」方格5與6問：「接受的效果會『持續』並產生『預定的行爲改變』嗎？」。在圖12—3的每一方格，都可以問類似的問題。

利用圖12—3做爲一個參考，我們可以引出許多溝通的參考原則。這些參考原則，只是許多重要研究發現的一小部份而已。此外，你可將下列參考原則視爲粗略的規則，因爲，雖然這些規則大致上說來是不差的，但卻也會有重大的例外。

1.來源接受（Source Yielding）：隨著時間的增長，人們惑於訊息來源的高度權威感所造成的意見改變減少了，而低權威來源所造成的意見改變則會增加。如此，到底該選擇高權威或低權威的訊息來源，決定於你期望的訊息接受有多快。例如，在一段時間過後，你可能忘了經濟不景氣的預測，是由華爾街日報（可信度高的訊息來源）的某一位有名的經濟預測家所做的。不景氣可能產生，同時這個概念可能仍影響你個人的投資決策，但是，與你對來源所在，記憶猶新時比較起來，這影響力的程度就比較小。反之，這預測可能是在National Inquirer（可信度低）讀到的，起初你或許不把它放在心上。然而，過一段時日後，你可能回想起這個經濟蕭條的預測，而忘了這來源正是National Inquirer因此，經濟蕭條的概念對你投資決策的影響力，較你先前記得從何處得到這資訊時爲大。

2.訊息記取與顯性行爲（Message Retention and Overt Behavior）：當員工有能力應付威脅環境，並有高度自尊心時，威脅的溝通較易產生預期的行爲改變。然而，假若員工無法應付威脅的環境，或者對這威脅特別感受到自身的脆弱（Robertson et al.,1974），那麼威脅的訊息比較

	溝通因素				
說服性溝通步驟	來源	訊息	管道	受訊者	目的地
表達		1			
注意			2		
瞭解				3	
接受	4				
記取					5
顯性行爲					6

圖12-3說服性溝通的步驟和基本的溝通因素

不會爲員工所記取。例如，對於安全手册上所描述的意外事件，如果你覺得能夠在自己的工作崗位上避免這種意外，或者對這種意外採取明確的措施，那麼你便較可能記住這些令人不悅的描述。你的自尊心愈强，你對自己的能力愈有自信，因此你也愈可能相信安全措施會發生效果。如果你不知道如何避免意外，你將會因著對不愉快事件的心理防衞，而「忘卻」這些描述。

3.管道、注意力與理解力：用於溝通的正式和非正式的管道愈多，對於訊息的注意力與理解力愈高，一份書面的訊息也許能幫助你瞭解某一特殊生產技術的好處是什麼？而推銷員對這種技術的宣導，或許就能幫助你了解這技術如何？或爲什麼有效？通常，不同的管道都各有其溝通的優點，你的溝通管道愈多，得到的優點也就愈多。

4.收訊者的表達：假若訊息的發送是針對某些人，而這些人與其他沒有直接接觸的單位都有組織性的接觸，這時訊息的傳達最爲快速。（Wallendorf and Zaltman, 1978）一個採購代理可能同時與財務、製造，和行銷部門有頻繁的接觸，他與各部門代表之交往，可能較他們部門相互間之交往更爲頻繁。這時，如果你要將公司某項可能行動的消息散佈出去，那麼這位採購代理也許就是開始著手的最佳人選（假如他喜歡話長說短）。

5.顯性目的行爲：假若管理者能夠讓員工們公開的表達他們改變行爲的承諾，那麼長期達成預期行爲的機會就大些。例如，當員工公開地表示他們願意樂捐時，如果沒有實際去捐獻，就會令他們感到不好意思，因爲太多人知道這個承諾了。同時這些人如果不捐獻，恐怕會因而失去信用。

建立溝通網

關於說服（persuasion），已經有很多研究了。尤其與管理者有關的是：建立最佳、最具說服力的溝通網的技巧。要爭取預算、增雇一名幕僚人員，或銷售新產品，這些都必須具有高度的說服力。有時候，管理者會堅持另一種資源使用方式，或者決策者會懷疑你所擬定的行動方案。在這種情況下，你就必須說服他們，或是使他們改變主意。而如何建構你的溝通網，對於爭取有限資源和克服行動方案之阻礙，有極大的影響。這一節，我們提供有關建立說服性溝通網的一些建議。這些建議是由研究文獻之中篩選出來的，並大都已被管理者在組織環境中有效運用。

單面與雙面訊息

管理者在溝通時，到底應該表達單面或雙面訊息？這是一個有趣的問題。在某一方案的好處或壞處是否必須同時表達出來呢？我們的看法是：對於一個不熟悉溝通主題，或一個已經同意溝通者的立場，甚或一個不太可能接觸到反面說法的受訊者而言，似乎只要將好處說出來就好了。也就是說，如果你的銷售方案已爲管理階層所接受，那麼儘量堅持對你有利的論點吧！

相反的，假若收訊者對溝通的主題頗爲熟悉，或者一開始就不同意溝通者的立場，抑或是受訊者聽到反面的說法，這時就必須同時把有利與不利的論點提出來。如此才能夠確保受訊者（熟悉主題的人）相信溝通者是見多識廣的，同時也可以使那些反對的人相信你是開明的。然而，有另外一種相反的看法認爲：同時表達有利與不利的論點給不熟悉主題的受訊者時，能使受訊者在聽到反面說法時，不會吃驚。也就是說一開始即同時表達有利與不利的論點，使這人對反面的說法具有「免疫力」。如此，懷疑你的管理者，會認爲你已經想出正反兩面的論點，因而對別人反面的看法便不再感到驚訝。

高潮順序（Climax Order）

管理者經常會問的一個問題是：在溝通時，他們最强調的論點，該放在最前面，最後面，還是中間？關於這個問題，據現有的文獻指出，當溝通的受訊者對主題的興趣不濃時，反高潮（anti climax order）順序較爲可取，也就是說，將最重要、最有力的論點放在最前面。這樣可以激起受訊者的興趣，並鼓勵他繼續下去。與此相反的是正高潮順序（climax order），也就是將最佳的論點放在最後面。正高潮順序，用在受訊者對主題有興趣時最爲有效。若是將最佳的論點放在中間，也許是最不具效力的方法了（不論受訊者對主題有無興趣），因爲這樣會使頭尾顯得沒有力量。所以，如果你要吸收一個對溝通主題沒有興趣的羣體，就得把最好的論點放在前面。反之如果他們願意聽你說，那你不妨把最好的留到最後發表。

近時效果（Recency）

當我們同時考慮高潮順序與有利、不利的論點時，就產生了另一個問題：即當你對某一主題同時提出正反兩面的論點時，受訊者會比較容易記得你先提出或是後提出的東西呢？我們認爲：

當最先提出的論點最具說服力時，我們稱這種影響爲「初始效應」（primacy effect）。這種效應，必須在發訊者與受訊者對說服力有同樣看法時才成立。當最後一個論點因易於回想而具說服力時，稱爲「近時效應」。因此，假設溝通的主題是受爭議的、有趣的，和熟悉的，那麼初時效應是必須的。反過來說這個主題是呆板的、不特別熟悉的，那最好能有近時效應。所以對主題沒有興趣的受訊者，就不會費腦筋去記憶第一個論點，他只會記得最後提供的一些資訊。有時候正高潮與反高潮順序的法則會和尋求最佳溝通的近時、初始效應的研究發現相衝突。

當你的聽衆認爲你既博學又可靠時，你把有利的論點放在最前面，然後跟隨著一些不利的論點，這樣比較能幫助你有效地改變他們的意見。而且一般而言，先提出高度說服力的資訊，然後再提出較不具說服力的資訊（不論有利與否），這對一個信賴度極高的溝通者而言，是最好的方式。尤其在提供資訊之前，先强調爲何需要這資訊，如何更能提高改變受訊者行爲的可能性。與這種方法相對的說法是：「這裏有些資料，而這就是你爲何需要它！」。然而，較爲聰明的說法是：「這是你爲何需要某些資料的主要原因，而這些就是你所要的資料。」

結論的推導

有些管理者喜歡用事實、數字或巧妙的措詞來做爲自己的辯護。這些人所寫出來的公文，通常不對爲何需要某行動做結論。然而有些管理者卻花費相當多的時間做結論。因此，現有的研究中有很多關於需不需要做結論的觀察。

一項廣泛的研究指出，如果你要改變受訊者的意見，那麼做結論是較爲明智的策略。同時如果因爲你或者你的受訊者是公司的新人，使你對受訊者不太了解，這時作結論是最穩當的作法。然而，如果你知道你的受訊者智慧高超，而且對你主張的事實又極爲熟悉，那麼你最好不要下結論。因爲在這種情況下作結論，你往往會被受訊者視爲是在侮辱他們的智慧，而且結論做得愈明白，他們感到侮辱愈大。此外，讓受訊者自己作結論，可以加深他們對溝通的投入感。假若受訊者懷疑你別有用心時，你也要避免作結論。反正這時候讓受訊者自己作結論，可以降低他們對溝通者的懷疑。

研究報告指出，當溝通與受訊者的利害沒有直接關係時，做結論比不做結論好。但是，當溝通涉及受訊者自身利害時，最好讓受訊者自己去做結論，不論如何，受訊者總會投入這訊息之中，並且推導出他們自己的結論。由於此一論題對個人利害的重要性頗高，所以受訊者會特別注意任何可能影響其利害的力量（如溝通者所做的結論）。然而，當問題複雜難解時，不論收訊者與溝通者有何種關係，可能都需要做結論。若題目簡單易解，那麼是否下結論，則由其他因素，例如懷疑別有用心的程度、受訊者的智慧來決定。

當主題複雜難解或者不十分明瞭，而你又不能明瞭受訊者時，那麼做結論是較佳的做法。若受訊者是聰明的，而且與主題有所接觸，或者是多疑的，那就讓受訊者自己去下結論。

羣體溝通之研究

本章到目前爲止，將注意力集中在從訊息來源到目的之間的各個溝通要素上，我們還特別强調了說服性的溝通。然而，關於羣體內人際溝通的實際流程，卻提得很少。因此，本節將介紹研究文獻中的兩個基本觀念。第一種觀點因爲用途有限，故不擬多說。它之所以放在這兒介紹，只因它在這個領域中居傳統的地位。第二種觀點是現代研究較具代表性的，所以我們將把重點放在這裏。

小羣體溝通之傳統研究

組織溝通的傳統研究著重在五種溝通型態上：圈型、全頻式（all channel）、輪型、鏈型及Y型。這些型態簡示於圖12－4。眞實的溝通型態通常較圖12－4所示的爲複雜、巧妙。然而，根據這些簡單的型態，我們仍可看出溝通本質上的差異。（見Shaw 1964; 1971）。例如，輪型結構有一中心協調者，最適於日常性的工作。圈型結構則較輪型結構分權化，很顯然的，它較適於那些需要創意的非日常性工作。圈型結構沒有權威人士，所以較能鼓勵大膽的想法。相反的，由權威人士提供創造性思考的增強，在圈型結構中也是相對的付諸闕如。但輪型結構則不然，輪型結構中心的權威人士發揮協調的程度愈大，愈能促進任務的績效。所以輪型結構完成活動的速度也較快。

鏈型結構對於許多有先後次序的問題主要決策較有效率。例如：假若關於企業擴張的第一個考慮是資金來源，那麼財務主管很可能就是鏈型結構的第一個節點。如果下一個考慮是尋求新的投資機會，則第二個節點就可能是新事業探索羣，或是這羣體的領導者。依此可以類推下去。鏈中每一個節點或鏈環（link）在各個特定點發生作用，並發揮其特有的專業功能。節點間或許或多或少有所接觸，但所有節點之間並沒有直接

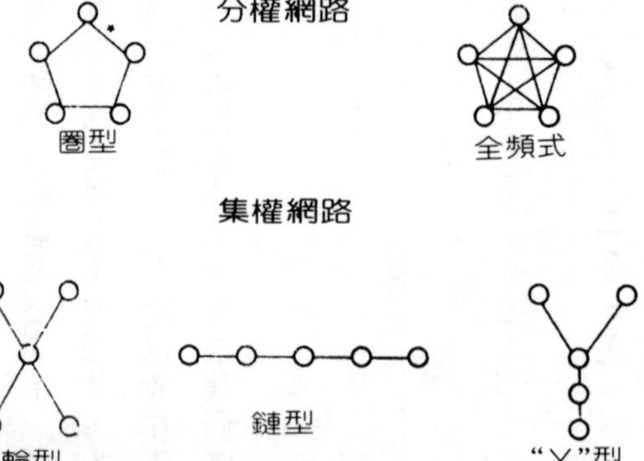

圖12-4誰同誰說話：小群體溝通類型的傳統研究

的溝通。上面所提，所有節點之間的溝通，可以全頻式結構來說明。在全頻式結構中，各個人資訊過量的可能性很高，然而，當每個人都需要羣體中其他的資訊時，全頻式結構最爲有效。如腦力激盪（brainstorming）即是一例，另外如公司的採購亦是。

小羣體溝通型態的研究用途極爲有限（Burgess, 1968），實際上組織安排很少依照上述型態來結構，這特別是因爲溝通結構常隨時間而變動（Taylor and Kleinhans, 1976）。又溝通型態的研究忽略了很多實際組織環境的因素，如領導（見第九章），而領導可能是影響溝通氣候的最重要因素（Snadowsky, 1974）。最近的研究，有許多已著重專業化溝通角色的探討，我們將在下一節討論。

溝通者的主要功能

不論組織內有多少人，溝通者的主要功能大致上可分爲四種。這些功能應由特定的人來擔任。然而各組織卻往往未明確地指派適當的人選。這些功能極爲重要，應由管理當局明確地加以說明。這四個溝通者的主要功能是：守門人（gatekeeper）、媒介者（liaison）、意見領袖（opinion leader）和世界人（cosmoplite）。有時，同一個人可能同時扮演好幾個這樣的溝通角色。另外，有些時候，又可能有好幾個管理者扮演同一角色的情形發生。

守門人　守門人在公司的溝通網路中，所做的工作是訊息的收受和過濾，以避免資訊過量。因此，守門人對溝通資訊是否達到特定的收訊者，具有足夠的控制力。祕書可以是一個守門人，例如：採購副總裁的祕書，可能將所有關於公司購買的產品的廣告信函，統統轉給採購代理或是請推銷員直接與採購代理接洽。如此，可將有關新產品或服務的消息與採購副總裁隔離。這種守門人的功能，可能出於這副總裁的特別囑咐，或者可能出於個人過度保護的作風，而副總裁一點兒都不知情。因此，管理者必須把握一個原則，就是他必須知道，誰擔任這種非正式的守門人？透過那一種管道，傳達何種資訊？

前面所提的採購代理也可以擔任公司採購委員會的守門人。他可以決定讓那些供應商的資訊（如果有的話）到達採購委員會的手中。在此一情況中，這角色可能是正式的，因爲採購委員會可能只願接受那些符合某些標準的廠商的資訊。

採購代理說明了另一個向度的守門人功能。一般以爲，守門人就是決定讓那些資料流入公司的人。然而，守門人也可以將較多有關公司需要新設備的資訊，傳達給個人較爲偏愛的供應商，而給予較不偏愛的供應商較少的資訊，這樣的行動，當然歪曲了公司與某供應商之間合約的訂定。另一個公司資訊外流的守門人的例子是公關主管或是其他發言人，這些守門人通常是經過精挑細選的。

守門人的正面效果是讓他們的守護者免於因爲資訊過多，而造成無法有效處理資訊的問題。然而，守門人畢竟是人，難免會有偏見產生。例如保守的財務主管，可能趨向於將那些他認爲有高度風險的投資或擴展機會不呈遞給上級知曉。由於執行守門人功能時的偏見，因此有些經理人員便不定時的將關閉的大門敞開，以廣納資訊。像前所述的採購副總裁則可以指示他的祕書，把某週內全部收到的信件統統交給他，並將所有要求接見的人一一記錄下來。即使這位副總裁很明顯的並不適宜此一約見。而經理人員在做有關企業新機會的決策時，則可以不定期的要求他的財務主管將他所知曉的所有投資機會呈報上來，即使財務主管認爲這些投資機會是如何不利。

一個守門人必須具備三個特質：第一是守門人能夠隨時把握管理者不斷在改變的資訊需求。第二能夠感覺出來什麼是需要的資訊，什麼是不需要的資訊。守門人可能將資訊保留到當它眞正攸關時。第三是能衡量資訊的品質。某資訊的標題可能看起來像是管理者所需要的，但內容卻完全不是那麼一回事兒。某生產經理也許需要技術方面的資訊，並且指派一位助理去尋求那些資訊。隨著這助手能力的不同，他所收集到資料的可靠度也有所不同。因此這位生產經理理想中的守門人應該是一個能夠訪查各種技術文獻，然後

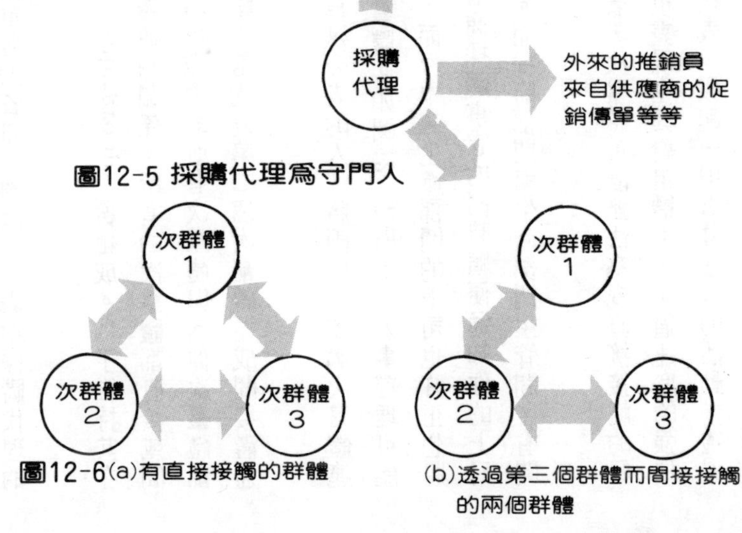

圖12-5 採購代理爲守門人

圖12-6(a)有直接接觸的群體　(b)透過第三個群體而間接接觸的兩個群體

衡量它，並將最可靠、最攸關的資訊整理就緒而不會遺漏重要的資訊。圖12－5表示採購代理的守門人功能。

媒介者（liaison）　組織同時由正式與非正式的次羣體（sub－group）所組成。爲了維持其在組織中的活力，這種次羣體必定與其他至少一個次羣體有溝通的關係。所有的次羣體都直接或間接的與其他次羣體有所溝通。圖12－6 a中表示一個簡化的組織中的所有次羣體與其他次羣體都以直接方式溝通。圖12－6 b中，第一個與第二個次要羣體，是透過第三個次羣體達成間接溝通的。

但是這些羣體是如何接觸的呢？通常，至少有一個稱爲媒介者的人，將兩個或多個次羣體連結在一起，但是媒介者本身並不屬於他所連結的任何一個羣體。如圖12－7所示，人事經理可能是公司內的媒介者，採購部門可能需要增加一位幕僚人員，而你本身生產部門的上司也許正想將你調開。這時，人事經理就是這件事的重心了。他會在洽商採購事宜的同時順便通知你的上司說：採購部門有一個缺。如此，第一個媒介功能就完成了。而採購部門與生產部門主管間，有關人事調動的直接接觸可能就發生了。

媒介者對次羣體的連絡是非常重要的。如果沒有媒介者，次羣體可能無法察覺直接接觸的好壞。或者因而對維持直接接觸感到尷尬。媒介者的重要性也表現在其對組織中，溝通速度的强烈影響力。試以圖12－8的情況來說明：假定聯合基金會的代表，發起一項籌募基金的活動。透過與公司公關部門的接觸，基金會要求公司的參與。再進一步假定：公關部門認爲這項籌募活動是合宜的，並且讓必要的人士與公司的所有成員接觸，以尋求樂捐。又倘若公關主管要依各部門捐款比例的高低，來激起捐款的熱潮。從公關主管的觀點來看，有兩個可行的方案，其一是與每一個部門單獨接觸。他所需接觸的次數如圖12－8的細線所示。其二是只使一個管道來接觸。這個管道包括他自己和高階層（在此即爲媒介者）。然後總經理透過已有的管道將所欲溝通的資料傳送到公司的各部門。因此，公關主管與其他部門的接觸就沒有必要了。公關主管不僅可以省下不少力氣，同時藉著這種方式，所需的資訊亦可以較快的速度傳送出去。（毫無疑問的，總經理在這個問題上，所說的話，對公司人員亦有較大的權威與影響力）

在這個例子中，媒介者不是一個守門人。如果公關主管願意的話，他仍然可以直接與各部門主管接觸的。只是這樣做比較沒有效率罷了。

圖12-7人事經理爲媒介者

高階層主管和人事主管是正式媒介者的例子。但媒介者也可以不正式的方式出現；例如地區銷管處的經理可能與公司的區域倉儲經理一起「卡步」（carpool，幾個人協議輪流開車送對方去上班或上學），或與其私交不錯。而這位倉儲經理又可能與生產處的某某人時有聯繫，因此他知道由於物料的短缺或勞工的困難，生產可能延遲幾天，此時生產部門的人可能要他不能將這個消息告訴任何人。然而，這位倉儲經理還是在不正式的場合中，將這消息傳給了地區銷售經理，如果不是這樣，這位銷售經理可能要到缺貨時才會知道這種情形。在此，地區倉儲經理就是一個非正式的媒介者。

如此便產生了兩個原則：第一，在需要三個以上部門接觸的地方，建立一個正式的媒介者是一個有效率的溝通技術。第二，管理者必須儘可能想辦法與非正式媒介者接觸，以便能夠儘早知

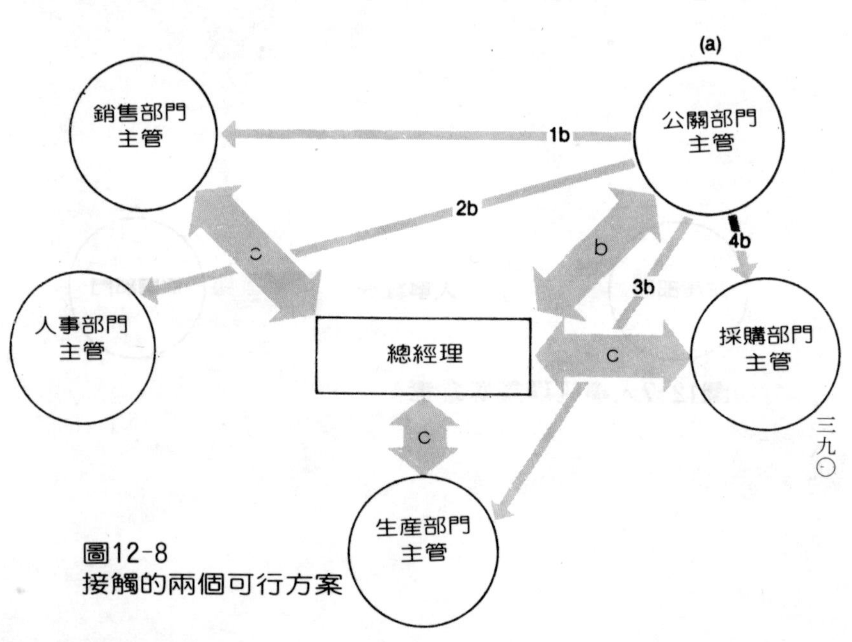

圖12-8
接觸的兩個可行方案

道一些內幕消息。茲對第二項原則說明如下：如上例中，地區銷售經理由傳說中得知物料短缺可能干擾生產，讓我們假定這傳說是可靠的，也就是說假使這消息最初是來自生產經理，銷售人員爲了避免顧客與自身的收入因爲物料短缺而遭受損失，會樂於提供這個消息給顧客。那麼由於銷售人員的勸說，顧客很可能提前訂購。而大量提前訂購的結果是：即使物料持續以正常的數量供應，也會造成短缺。如此，生產經理爲了避免這種情況的發生，便會一開始就向地區銷售經理保證物料不太可能發生短缺。然而，生產經理卻可能將實情告訴倉儲經理，所以經由地區銷售經理的詢問，倉儲經理就成爲一個非正式的媒介者。

一個媒介者應擁有幾個特質，第一要能毫不扭曲地傳送資訊。一個經過受訊者更動的資訊，再傳送出去時，可能與原來的訊息來源有相當的距離。根據定義，這種傳送不能稱爲溝通。第二個特質是臨機應變（discretion），這是說能知道什麼時候該做一個媒介者，什麼時候不該做，或是能知道如何選出資訊，而不製造矛盾。第三個特質是要能與組織中各個部門維持頻仍的接觸。這可能需要到處走動，或打打電話聯絡等，所以比較沒有時間從事其他工作。因此，媒介者必須有效地運用時間。

意見領袖　任何組織中，除了正式權威外，有些人仍然較其他人具有影響力，這些人稱爲意見領袖。因爲他們能夠非正式地影響他人的思想和行爲。意見領袖可以是主動的（proactive），他們不等別人請示，便發表自己的意見，或者他們可以是被動的，就是等別人有所請示時，他們才會發表意見。不管是那一種情況，意見領袖都很可能是極爲有力的。他們可能知道，他們對其他人的思想行爲所產生的影響，例如，匹玆堡大學的兩位研究者發現，銀行家在決定是否借出貸款時，可能較依賴自己所信任的某某人對這事所做的評論，而不倚重詳實豐富的財務資料。他們提到一個例子：有一位高級銀行主管，與另一位同樣活躍於金融界的朋友一起打網球。這位朋友碰巧談到本市的某一工廠很可能有財務方面的困難，其他的什麼也沒說了。而這位朋友並不知道這家工廠正向他的球友的銀行申請貸款，由於這位朋友的一句批評的話語，使得那工廠貸款申請案被拒絕了，雖然這家工廠很明顯的是一家財務健全的工廠。因此，某位關鍵人士不經意的批評，竟足以使原本理應同意的貸款決策，改變初衷。這是那位朋友作夢都沒想到的。

意見領袖遍及整個組織。通常，意見領袖的影響範圍不大。對於需要衡量、比較幾個可行方案的決策，意見領袖所能產生的影響最大。此外，他對行動方案的選擇，也有其影響力。同時決策者在決策過後，需要增强（reinforcement）其決策的實行時，意見領袖的作用極爲明顯。

能夠在各種情況下分辨出誰是意見領袖，這對管理者是頗爲重要的。由於意見領袖所發表的意見，可能是正面的或負面的，所以一個明智的管理者，應視其所欲傳達的意見爲何，而將正面或負面的資訊提供給意見領袖。直接來自管理者的資訊可能較來自意見領袖的同樣資訊沒有影響力。倘若某行政主管說：「秘書與辦事員的重組，將會使工作份量較爲平均」，這句話可能並不具有特別的說服力，然而，如果是秘書和辦事員之間的意見領袖私底下說了上述的話，那對於重組的抗拒，與其所造成的焦慮便會偏低。相反的，如果意見領袖公開表示反面的看法，那麼焦慮與抗拒就會偏高了。

意見領袖的角色如圖12－9 a到9 c中所示。12－9 a表示：辦公室經理直接將重大的重組計劃，傳達給辦事員與秘書。溝通的工具可能是便條或會議。那些向意見領袖尋求其對改革看法的職員，有較高的不確定性。如此，圖12－9 b所示的溝通型態便出現了。意見領袖主動的參與溝通，對重組可能有正面或負面的影響。行政主管可用另一個變通的辦法是：事先將其爲何需要重組的正面資訊提供給意見領袖，然後再正式宣佈這項資訊。這種策略如圖12－9 c所示。編號1的虛線，代表溝通流程中的第一步，即由行政主管到意見領袖。編號2的虛線則表示從意見領袖到秘書、辦事員間的後續溝通（包括意見領袖在內）。行政主管與意見領袖事前的接觸，使職員們在往後的討論中，對於改革的進行持有利的態度。這些討論可能在這主管正式宣佈整個人員上的改變之後。但如果他對意見領袖的陳述夠明確，意見領袖就會期望這主管趕快宣佈，並且在主管正式宣佈以前，意見領袖就會主動的與職員們討論這件事。

我們必須明白，這裏至少有一串影響力在作用著。第一是從行政主管到意見領袖。第二是由意見領袖到他們的同事。第三則可能從行政主管直接到一般人員，或者是透過意見領袖，間接地到達一般人員。

世界人（cosmopolite）　組織中有些人除了本身所屬的次羣體之外，與其他次羣體亦保持頻仍的溝通，這些人是公司內的世界人。另外有些人與公司外組織和個人有頻繁的接觸，他們是公司相關於外界環境的世界人。我們將這兩種類型的人稱爲公司內世界人與公司外世界人。圖12－10 a和12－10 b表示世界人的接觸。

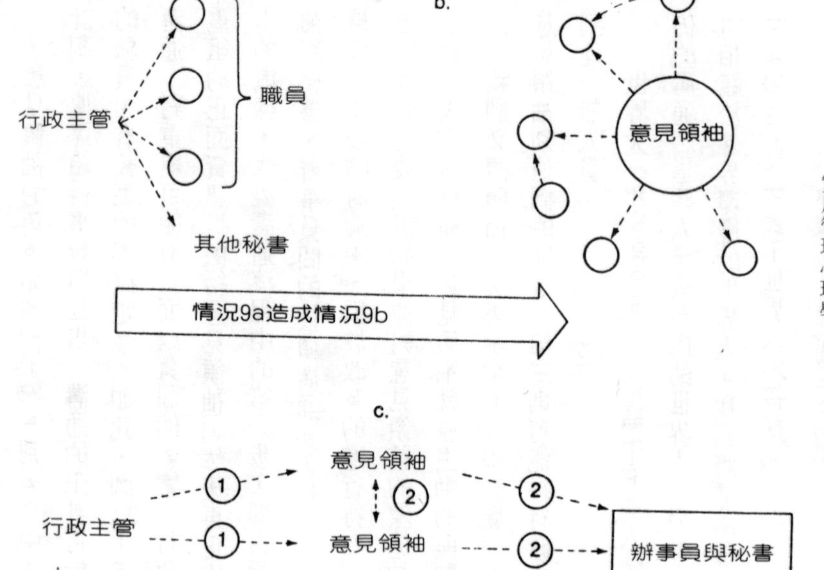

圖12-9(a)直接溝通，不與意見領袖接觸。(b)與意見領袖接觸以降低有關溝通的不確定性。(c)起初與意見領袖接觸提供適當的資訊(正面或負面)。

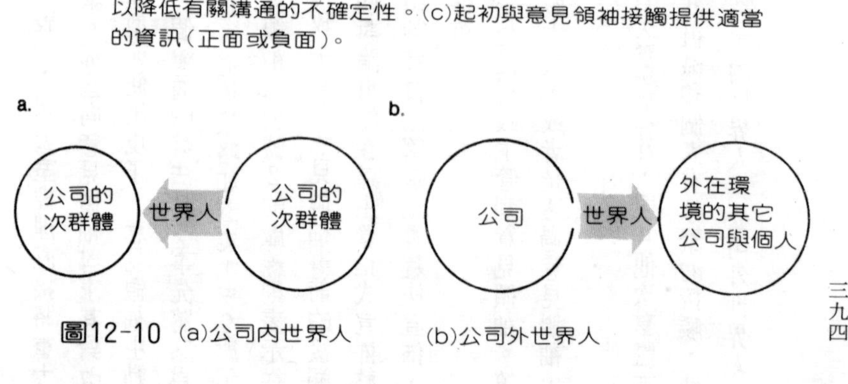

圖12-10 (a)公司內世界人 (b)公司外世界人

世界人將自己所屬的羣體與其他羣體聯結起來。如此，他們與連結兩個不是自己所屬羣體的媒介者稍有不同。當然，世界人可以執行媒介者、守門人和意見領袖等角色。

公司間世界人多半集中在組織的頂端或底部。在頂端的是經理人員，他們廣泛地出外參加會議。而近於底部的則是推銷人員，他們與形形色色的消費者接觸。又如採購代理，他們與各種供應商接觸。公司間世界人是外界環境趨勢的一個重要的資訊來源。同時他們對於將公司狀況傳達給代理商和公司也是頗爲重要。因此，公司間世界人也是在重要外界人士間，創造公司形象的有用工具。

公司內世界人能幫助其所屬的次羣體，隨時與公司內可能影響其羣體的事件，保持聯繫。並爲其次羣體說明這些事件。公司內世界人，也把其次羣體的資訊帶給其他次羣體。這可能發生在部門主管的正式會議上，在咖啡販賣機旁或午餐時間等不正式的場合之中。

某種程度的世界人活動是必須的。因此，有些公司就出錢讓某些人員參加社交俱樂部，或花錢讓員工去參加專業人員會議及訂閱專業雜誌。另一種技巧是：將咖啡販賣機和休息室設置在各個不同部門的人員皆能方便使用的地方。

溝通的偵測

所謂：「水能載舟，亦能覆舟」，溝通雖有助於組織的完整，但它亦可能阻礙組織的運作。第六章所討論的衝突、挫折，和壓力在溝通中亦明白地表現出來，這些我們可以藉著溝通的偵測加以辨識。誠然，溝通可以說明衝突、挫折和壓力的因果關係。第八章所討論的各種互動模式，同樣地也反映在人際間的溝通中。在本節我們將介紹一個偵測面對面溝通內容的步驟。

最廣爲所知的偵測口頭溝通的內容的系統，或許要算是 Bales 的互動程序分析系統了。（Bales,1950）在此一系統之中的觀察員被訓練著去將溝通歸入十二個大類。這十二個大類及其說明如表12－1所示。

也有人使用過其他方法及技術，但大多是 Bales 系統所演變出來的。（評論與實例見 Bonoma and Rosenberg, Bales, 1978）最近完成的一項長達三年的研究計劃，提出一套記錄羣體溝通程序的步驟（Duncan et al.,1977）。這個研究計劃試驗了一種能幫助學校辨識、瞭解及提出各類問題的技術，這技術的其中一個作法是將對學校的專業人員所做的調查結果，簡單地回饋給老師們。然後，這些資料在特別設計的羣體中加以討論。此一研究的特質是羣體的設計。然而，這羣體的成功與否，同時也視他們之間的討論過程而定。因此，偵查這些討論的一般氣候及特定內容是極爲重要的。偵測這些討論過程可能幫助羣體的領導者決定，爲什麼討論進行得好或壞。

每一個羣體中的人，都在各個特定的技能領域有所訓練，這些技能包括：對羣體過程的敏感性、溝通的達成，以及如何使羣體過程的形成，發揮它最大的價值。雖然這種訓練需要花一整天的時間，而且事實也證明這種訓練極具功效，但是研究者認爲，如果花更多的時間在訓練上，那麼其功效之大更是不可言喻的（關於這訓練計劃較詳盡的資料請見 Duncan et al,1977）。偵測的格式如範例12－1所示，其中一段是關於羣體會議的一般氣候。這包括了五個因素：衝突、合作、

表12－1 Bales大類系統：互動過程分析

	大類	例子
社會感情：正面反應	1.表現出團結提高他人地位，給予幫助、獎金。 2.表現出輕鬆，開玩笑、歡笑、滿足。 3.同意、接受、明瞭、合作、服從。	“那好”、“我瞭解你的感受” 任何幽默的談話 “是的”、“我明白” “我想你是對你”
任務：回答	4.給予建議、指示、暗示、別人自主。 5.給予意見、評估、分析、表達感受、期許。 6.給予講習、資訊、重覆、澄清、證實。	“儘管說好了”、“我想提出兩個看法” “那我想我們都同意”、“我想這也許……” “我覺得……”、“這情況也許跟你昨天說的一樣”、“電話號碼是868-7600” “我們只剩兩天”、“我頭痛”
任務：問題	7.要求講習、資訊、重覆、證實。 8.要求意見、評估、分析、感受之表達。 9.要求建議、指示，可能的行動方法。	“他什麼時候……？”“誰負責安排下次會議？”、“你說什麼？” “你看如何？”、“我在想那會包括什麼”、“進行得怎樣？”、“我們要做什麼？” “你想我們應該朝向那個目標。”
社會感情：負面反應	10不同意、表現出被動的排拒、不喜幫忙。 11表現出緊張、要求幫助，退出。 12表現惡意，壓低他人地位保衛或堅持自我。	“我不認爲如此”、“我不能接受”“什麼！” 猶豫、尷尬、呑呑吐吐、神經質的笑聲。“快點吧！” “你不會是正經的吧！”“這是你的錯”

範例12—1　會議偵測表

開會群體＿＿＿＿＿　學校＿＿＿＿＿　日期＿＿＿＿＿

出度人數＿＿＿＿＿

任務簡述：

	論題Ⅰ	論題Ⅱ
討論時間	開始＿＿＿ 結束＿＿＿	開始＿＿＿ 結束＿＿＿
調查資料（大類或項目）	＿＿＿＿＿	＿＿＿＿＿
考慮源始（如調查資料、校長、父母等）	＿＿＿＿＿	＿＿＿＿＿
決策與改革過程的階段（如評估、解決方案之產生等）	＿＿＿＿＿	＿＿＿＿＿
氣候（與論題相關）		
衝突：	低 ├─┼─┼─┼─┤ 高	低 ├─┼─┼─┼─┤ 高
合作：	低 ├─┼─┼─┼─┤ 高	低 ├─┼─┼─┼─┤ 高
因論題而起的不滿：	低 ├─┼─┼─┼─┤ 高	低 ├─┼─┼─┼─┤ 高
開明程度：	低 ├─┼─┼─┼─┤ 高	低 ├─┼─┼─┼─┤ 高

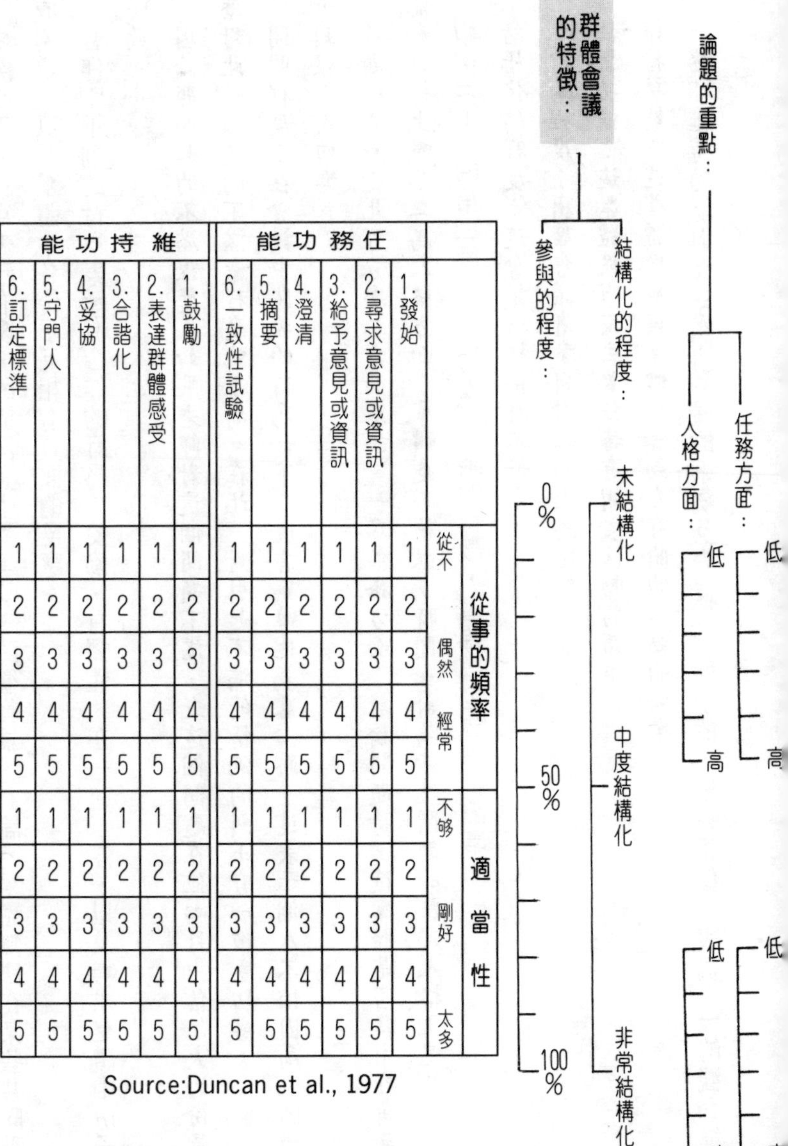

	從事的頻率					適當性				
	從不		偶然	經常		不够		剛好		太多
任務功能										
1. 發始	1	2	3	4	5	1	2	3	4	5
2. 尋求意見或資訊	1	2	3	4	5	1	2	3	4	5
3. 給予意見或資訊	1	2	3	4	5	1	2	3	4	5
4. 澄清	1	2	3	4	5	1	2	3	4	5
5. 摘要	1	2	3	4	5	1	2	3	4	5
6. 一致性試驗	1	2	3	4	5	1	2	3	4	5
維持功能										
1. 鼓勵	1	2	3	4	5	1	2	3	4	5
2. 表達群體感受	1	2	3	4	5	1	2	3	4	5
3. 合諧化	1	2	3	4	5	1	2	3	4	5
4. 妥協	1	2	3	4	5	1	2	3	4	5
5. 守門人	1	2	3	4	5	1	2	3	4	5
6. 訂定標準	1	2	3	4	5	1	2	3	4	5

Source:Duncan et al., 1977

不滿足程度、開明程度及論題的重點（orientation）。

衝突：下列行爲表示有衝突的情況發生：爭吵、防衛行爲、討論時羣體無法在某些共同點上達成協議，以及羣體中各份子互相有負面的反應。

合作：下列的行爲表示有合作的行爲：妥協、有彈性、在一起工作，以及尋求羣體中份子間的一致。

因論題而起的不滿程度：如果老師對這個問題不滿，或這個問題在他心目中佔很大的份量，那麼對此一論題的不滿意程度就很高。在此，對引起不滿的情況的糾正有一種急切感。

開明程度：在會議中開放的行爲如下：直言無諱地表露心跡。這表示個人不怕因爲他們的話而遭到報復或回響。

論題的重點：此可分爲二方面來說，一爲任務方面：討論問題時，這羣體是否集中在角色、功能和目標上呢？二爲人格方面：羣體是否花很多時間在討論涉及問題的特定人格上呢？

範例12－1的第二段考慮這羣體會議的特徵，這特徵包含四組因素：

結構化的程度：這會議結構得好不好？

參與的程度：出席會議者參與討論的大約比例。

任務功能：這羣體從事與主要任務有關之活動的頻率。

維持功能：這羣體從事與羣體社會動力有關的活動的頻率。

任務和維持功能與 Bales 所發展的系統及表12－1所示的，極爲相似。表12－1的觀念模式以及其運用（範例12－1），極爲有用。我們並不是說這些觀念是偵測羣體溝通最好的方法。因爲，吾人所應注意的因素，及你對這些因素是否眞能加以注意，絕大部份是決定在羣體及其任務的本質。然而，一個管理者，必須擁有一種直覺，知道在羣體溝通過程中該尋求什麼？並如何有效地去尋求。

摘要

做爲一個成功的溝通者，你必須對兩種溝通現象保持敏感，同時也必須精於控制這兩者。其一是訊息的實際設計或構建。另一個則是這訊息是如何由一個人或來源流向另一個人。關於這些問題，我們已經介紹了許多重要的觀念，我們把重點放在溝通的關鍵功能及身爲一個管理者的你，如何有效使用這些功能。關於構建訊息的討論，應該有助於你建立各種溝通網，特別是那說服性的溝通網。

本章參考書目

Bales, Robert F. *Interaction Process Analysis: A Method for Study of Small Groups.* Reading, Mass.: Addison–Wesley, 1950.

Bonoma, T.V., and H. Rosenberg. "A Theory–Directed Approach to Content Analysis." *Social Science Research*, (Fall 1978): 213–56.

Bowers, J.W. "Communication Strategies in Conflicts Between Institutions and Their Clients." In G.R.Miller and H.W. Simons (eds.), *Perspectives on Communication in Social Conflict*, pp. 125–152. Englewood Cliffs, N.J.: Prentice–Hall, 1974.

Burgess, P.L. "An Experimental and Mathematical Analysis of Group Behavior Within Restricted Networks." *Journal of Experimental and Social Psychology* 4 (1968): 338–49.

Duncan, Robert B., Susan A. Mohrman, Allan M. Mohrman, Jr., Robert A. Cooke, and Gerald Zaltman. *An Assessment of a Structural Task Approach to Organizational Development in a School System.* Final report, Grant No. 6–003–0172. Washington, D.C.: National Institute of Education, 1977.

McGuire, Willam J. "Persuasion Resistance and Attitude Change." In Ithiel de Sola Pool and Wilbur Schramm (eds.), *Handbook of Communication*, pp. 216–52.Chicago: Rand McNally, 1973.

Robertson, Leon, et al. "A Controlled Study of the Effect of Television Messages on Safety Belt Use." *American Journal of Public Health* 64 (November/1974): 1074.

Seidenbert, Branard and Alvin Snadowsky, *Social Psychology: An Introduction* (New York: Free Press, 1976), p. 395.

Shaw, Marvin E. "Communication Networks." In L. Berkowitz (ed.), *Advances in Experimental Social Psychology* Vol.I. New York : Academic Press, 1964

–– *Group Dynamics: The Pyschology of Small Group Behavior.* New York: McGraw–Hill, 1971.

Snadowsky, Alvin. "Member Satisfaction in Stable Communication Networks." *Sociometry* 37 (1974): 38–53.

Taylor, Dalmas A., and Bruce Kleinhans. "Group Development and Structure." In B. Seidenberg and A. Snadowsky (eds.), *Social Psychology: An Introduction*, p. 397. New York: Free Press, 1976.

Wallendorf, Melanie, and Gerald Zaltman. "Role Accumulation and the Strength of Weak Ties: Some

New Perspectives on Diffusion Research." Paper presented at the American Psychological Association Meeting, Toronto, Canada, August, 1978.

第十三章 組織結構與組織氣候

不久以前，伯頓仍是一家大食品加工廠的區域副總裁，現在，他却已經是一個成功的超級市場連鎖店的總裁。一位先前與他共事多年的好友，前來拜訪伯頓，並問他捨去一個小小的區域副總裁，而擔任總裁的職位，滋味如何？伯頓第一個反應是：「總裁的工作更為刺激，因為幾乎所有重要的決策都操之在我。」但接著他又補充說：「講起來有些怪怪的！因為我需要與其他協調決策行動的人少了。同時，我不再那麼在意，如何讓別人閱讀我發出去的溝通資訊，或如何從別人那兒得到公文。我只要將指示發給我的執行副總裁，事情就一切完了。以前和你一起工作的時候，為了獲取資訊或確知其他人是否接到並讀了我的報告，我必須打電話給好幾個人。這整個氣氛截然不同，在這兒，感覺是這麼開放與機動，以前辦事却總覺得頗為沈悶和遲緩。」

組織結構

資訊的散佈，權威與責任的分配，是所有組織的中心任務，而資訊流程的型態與權責的歸屬，則構成了組織的結構。所以結構就是一個組織中，兩個或以上的份子間，互動的類型（見第七章）。組織的成員們，爲求滿足其需求或偏好，乃發展出互動模式（Mackenzie 1978）。當這些需求改變時，互動的模式也跟著改變。例如：主管也許希望能夠更密切地監視其部屬，然而，其他的職責却可能會讓這位主管沒有很多的機會與其部屬接觸。爲了解決這個難題，可能需要雇用一位副主管，如此，這個主管部門內，互動的模式因而受到改變。員工可能經常與某位上司發生互動關係（副主管）而與另一位上司（主管）較少接觸。這種互動模式的改變可能會導致員工較好的工作績效及較低的缺勤率。

由於結構及行爲的交互作用，瞭解組織結構如何影響其成員，成員又如何影響其組織結構，對於有效的管理來說，是極爲基本的觀念（Ouchi,1977）。組織因其結構的不同，而有極大的差異。本章的第一個部分，講解了四個影響組織結構的因素。這些因素有時是互爲相關的，它們是組織複雜度（complexity）、正式化程度（formalization）、集權化程度（centralization）以及組織規模（size）。這些變數的處理，雖然簡短，但它們將提供你一個概念，使你對於它們的衝擊有所瞭解。組織結構的方式也會對組織氣候或人格（personality）有影響。第二部分則著重在組織氣候，特別强調問題解決（problem solving），下一章將討論各種結構變數，在影響組織接受及完成新觀念、新做法的重要性。

複雜程度（Complexity）

水平複雜度（Horizontal Complexity）

複雜程度表示一個組織中相互協調的次級羣體之個數。組織的平行方向，可能是複雜的，也可能是簡單的，水平複雜度表示，執行一項任務時所需的人數。任務也許會包括很多不同的活動，讓一個人來執行所有的活動（這在非例行化的任務，是很平常的）是一回事，將工作區分爲幾個小單元，並各指派一位專家負責每一單元，又是另一回事，（這對例行公事而言是稀鬆平常的），圖13－1a和b說明了這些執行任務的變通辦法，在圖13－1a中是一個銷售經理可能被指派的所有必需的工作。這種情形特別是在公司對推銷工作很生疏時（非例行化）。圖13－1b表示一個專家被指派去負責每一個銷售管理的活動，（圖13－1b是

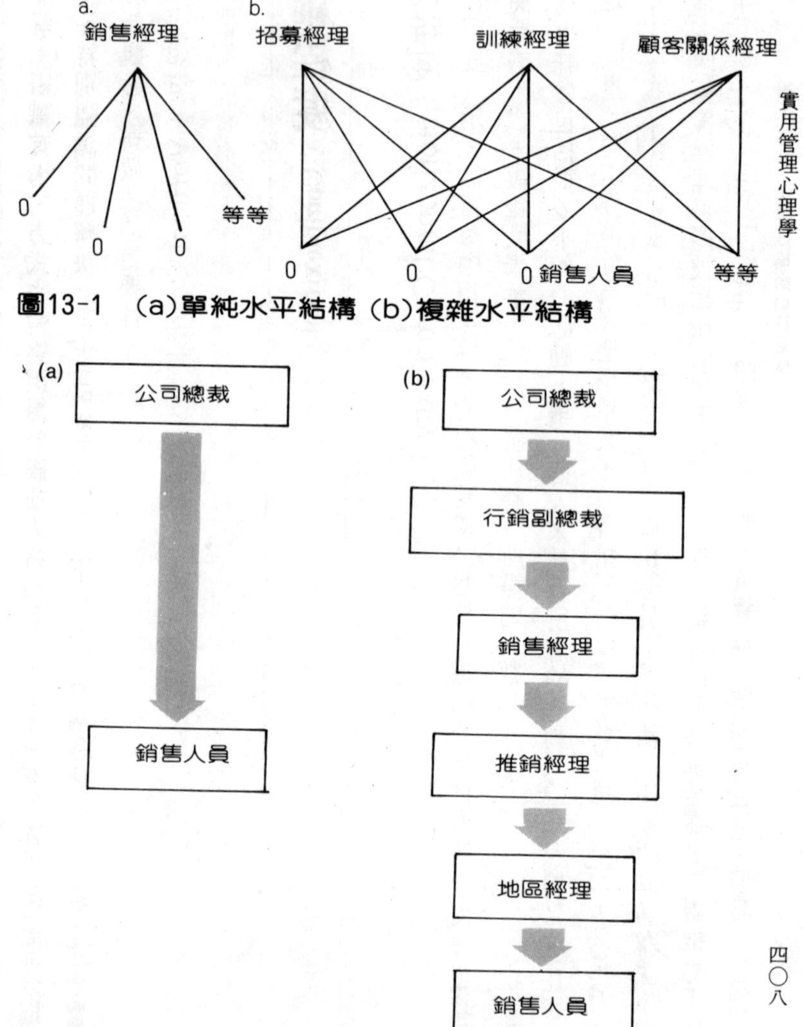

圖13-1 (a)單純水平結構 (b)複雜水平結構

圖13-2 (a)單純垂直結構 (b)複雜垂直結構

一個極端的例子，提出來僅爲說明之用）專家的人數愈多，以及某一任務所需的專才愈多，所需協調的程度愈高。事實上，專家間的協調需要很多的時間，一個變通的辦法是：增加一個專家，他的主要工作是去協調其他所有的專家。

垂直複雜度（Vertical Complexity）

組織也可能會有很多不同的階層，介於最高階層與最低階層之間，一般而言，階層的數目愈大，垂直複雜度愈高，圖13－2 a和2 b表示垂直複雜度的兩個極端情況。

如果權威分佈在組織中的各階層，也就是一個垂直複雜度高的組織，就可能發生協調控制的特殊問題。雖然，公司總裁在理論上有權直接與地區經理接觸，但他很少會去接近地區經理，向他索取資訊或給予指示。正如越級報告一樣，越級指揮也同樣不受歡迎。這種心態（它可能存在於組織的所有階級裏），使得高級主管無法與低層人員做迅速的資訊溝通。

倘若組織既是水平而又是垂直複雜，則這個問題便是雙重的了。試考慮圖13－3的行銷副總裁，若要控制或協調各個推銷經理的活動，則必須走遍三個區域銷售經理以及六個（或者更多）地區經理。在圖13－2 b的情形中，只有垂直結構，這種情況就較容易處理，而圖13－2 a因可以有直接接觸，所以更爲容易。圖13－3中，某些功能有地域性的分野，這可能徒增控制或協調不同階層之水平或垂直組織的困難。

在某些情況下，有一種複雜培養複雜的趨勢，當公司增加更多的專家，公司間與公司內專業

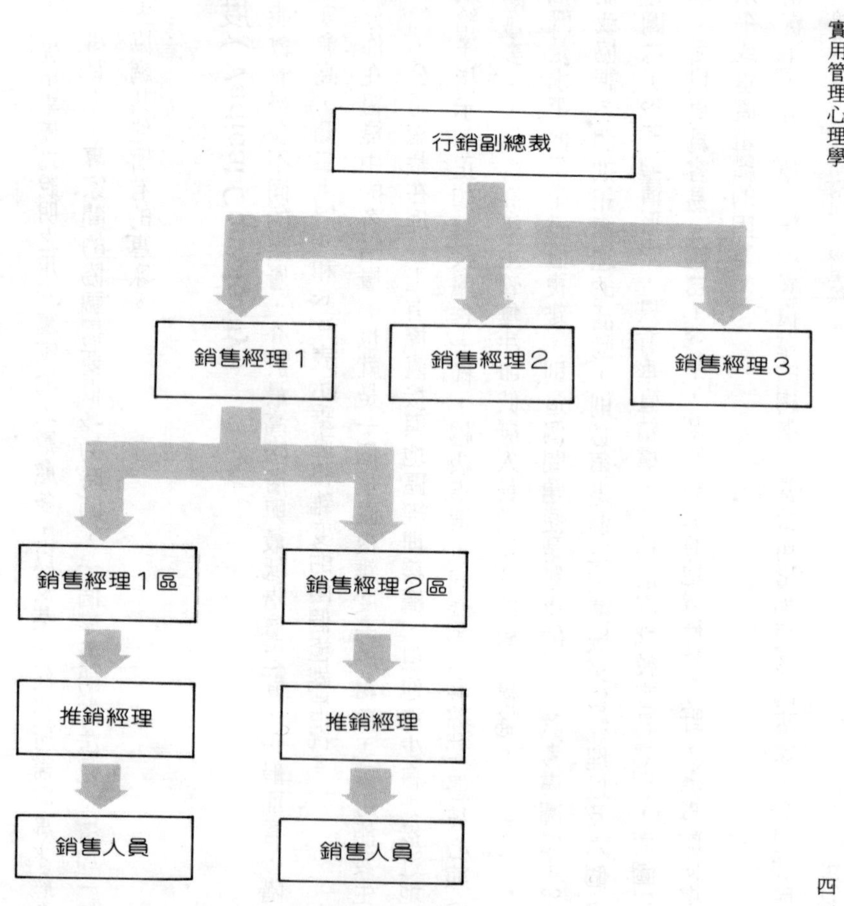

圖13-3　水平與垂直組織的複雜度

化分工的活動也就加强，從而需要更多新種類的專家。這本身並無所謂好與壞，然而，在這種情況之下，管理者可能會花費更多的時間在協調控制上，或者會雇用專家來協調控制，因而增加了組織的複雜程度。

能夠聽取或有一個幕僚隨時準備接受專家的意見，對管理者是重要的。當專家的人數增加時，管理者人員的數目也會以某種比率增加。理由之一是（除却協調和控制）專家多半較能感受到他們的工作所具之含義。對偵知與解決操作問題，他們受過較佳的訓練。因此，假若專家們可以馬上找到適當的人來溝通，那麼他們很可能是有關操作問題與解答的一個重要回饋來源。被指派從事協調控制活動的主管，往往與其有同樣的處境。同時，專家可能由於他們所從事的工作而需要一個更自由、更開放的溝通管道。因此，這也就是說，當參與的專家愈多時，主管的控制幅度也需要相對的減低。在此，控制幅度表示主管對其負有監督職責的人數。沒有任何一位主管應該同時控制許多專家。

組織或組織內的事業部門有兩種傾向：平型（flat）或者高型（tall）結構，這將視其所用專家之數目而定。現有的研究結果顯示：所需要專家數目較多的任務，多半屬於高型結構；另一方面，當參與其事的不是專家時，便會出現平型結構，在此，個別管理者有較寬的控制幅度。

正式化程度（Formalization）

所有的組織都有正式與非正式的規章，來規定各種活動什麼時候由什麼人、如何去進行。然而，規章相對於組織所面臨的事件之數目，各組織均有所不同。有些組織的規章很少，大部分的事件都由口頭來傳達，各組織對允許偏離規章行爲的程度也不盡相同。在本節，我們將一些訂有許多規章，而且對偏離規章的行爲又極少容忍的組織，視爲高度正式化；組織規章少，又能容忍偏離規章行爲的組織，稱爲低度正式化。有一點是極爲重要的，那就是：絕不可認爲某種程度的正式化，是絕對優於其他的。究竟高、中、低度的正式化，何者爲優，則受到特殊情況的影響極大。在我們的討論當中，我們將會舉出其中較爲普遍的情況。

制度狂（Bureaupathic）與厭惡制度的行爲（Bureautic）

Victor Thompson（1965）已經討論過組織正式化中的兩種行爲。第一是制度狂的行爲，這種行爲表現在那些基本上缺乏安全感、有强烈控制部屬需求的人身上。這將導致規章的增加及對偏離規章容忍的降低。這種狀況在有許多專家的組織中尤其成爲問題。若組織中擁有許多位專家，而管理者不能明白地瞭解他們的工作（但這些工作績效却又影響上級對管理者的評估），這只會增加管理者的不安全感。他對這不安全感的反應是：訂出更多的規章或程序，而這些可能與組織目標沒什麼大的關係，但却能讓管理者感覺較有控制力。這些規章可能導致管理者與部屬間的衝突，並使得部屬與上司之間的關係更爲僵化。如果上述的管理者有一位上司也覺得不安全，並尋求更多的控制，那麼就會有更多的規章被訂出來，造成（或者不是有意的）一個高度正式化的組織。

第二種可能造成問題的行爲是厭惡制度的行爲，這種行爲對規章表現出敵意或惡意。不論是什麼因素，厭惡制度的個人爲規章及程序所冒犯，因而他也去冒犯規章與程序。通常這種人爲不滿份子。事實上，就規章可能妨礙工作績效而激起工人敵意的觀點來看，厭惡制度的行爲或許是一種坦率的表現。對於員工參與制定的規章或程序，不太可能產生厭惡制度的行爲，因此，參與和商議愈少的規章，施行時，工人們愈會產生敵意，而這種規章的施行更可能進一步激起工人們對組織的反感，從而促使更多的規章被設計出來，以制止這些負面的反應，如此將會形成惡性的循環。

疏離感（Alienation）

極度的正式化會產生疏離感，特別是專業人員，那些受過高度訓練，擁有高度技能的人們。這一類人比較容易在其專業工作上，感受到疏離感。當事業上與組織上的規則發生衝突時，愈是專業導向的人，愈會去服從專業上的標準，因而造成了疏離感。這種衝突在愈高度制度化的組織中愈成問題，因爲愈制度化的組織，便會有愈多的規則，所以它與專業上的規則衝突的機會也就愈大。高度制度化很可能會威脅到某些有強烈自主（autonomy）需求的專業人員。因此，管理者在完成或執行許多與專業人員有關的法規與步驟時，可能會遭到他們的怨言。

集權程度（Centralization）

組織因著決策職權的分配方式，而有所不同。決策權愈是掌握在高階層人員或單位手中，這個組織就愈爲集權化。反之，決策權若愈是爲低階層所掌握，則這個組織就愈爲分權。

區別下列兩者是有用的：分（集）權的決策種類，及此一決策所容許的自主程度。一般公司可能在有關原物料、機器的採購，臨時員工的雇用，以及差旅費用方面極爲分權。然而，當預算支出超出預定的數額或機器的類型屬於某一特殊種類時，這種分權可能會自動停止。一個行政主管採購新的打字機可能無需特殊核准，但一部新的影印機則不然。另外，這個行政主管可能有權採購某一特定價格以下的所有物品。

另有一項區別也是重要的：那就是正式與非正式集權。某些特定決策正式而言可能是屬於副總裁的職權。例如：有關促銷支出的決策，可能只有行銷副總裁才有決定之權。在組織中的行銷部門擁有許多層級，可能表示高度的集權。然而，私底下情形可能不太一樣。由這行銷副總裁向部屬獲取決策所需資訊的程度來看，又可說是有點分權了。而當部屬受託去發展以及評估替代方案時，這組織就更爲分權，倘若行銷副總裁進一步也央求部屬提供建議，並經常接受它們，那麼即使這些並非正式的分權，但整個組織分權的程度可說是又推進了一層。組織正式的規章與步驟可能表現出高度地極權型態，但這種正式的型態可能爲權威擁有者的私人活動所抵消。（例如見Edstrom／Galbraith,1977）。

底下所列的是關於組織分權的效果的一些通例。讀者必須明瞭，這些通則的例外是很平常的，因此，運用時必須格外小心。

- 組織愈爲集權，產生和接受新觀念所需的時間愈長，但這構想被實行所需的時間却愈短。（這在第十四章組織改變中，有詳盡的討論。）
- 組織分工的程度愈大，爲求協調控制各個次羣體，所需極權的程度愈大。
- 低層主管的能力愈大，公司愈能實施分權，這種較高的能力，減低了高階主管在授權時所感受的風險。
- 組織愈爲分權，低階主管對決策的執著愈堅定，這種執著源於他們對決策過程的參與感。
- 組織愈爲分權，在中大型組織中，給予組織決策注意力的總合愈大。但在極端的狀況下，假若所有的決策是由每一個人所做，那麼他對每一個決策所能給予的注意力將不會太久。

組織規模（Size）

為了方便起見，以下所謂的組織規模，我們將它定義為：「組織成員的數目」（有關規模之衡量問題，更為詳盡的討論可參見Kimberly,1977）。然而，這裏有兩個大前提：一、以全時約當量（full-time equivalence）來考慮，這裏所謂全時約當量代表：每一個月所有工人的總工作時間，除以一個專任工人（full-time worker）每月的正常工作小時。二、對於義務的與支薪的員工，不做區別。

規模與複雜度

一般而言，組織愈大，便愈為複雜（Moch,1976）。大的組織多半有較多的階層與部門，但這也並非絕對。當複雜度與規模同時提起時，也並不意味著這兩者必然是以同一比例而變動，然而，關於規模之變動是否會導致複雜度之改變（儘管此二者可能伴隨著出現），學術界確有所爭議。比方說，由於推銷人員的擴張，消費者人數有顯著的增加，財務主管乃想要將帳務系統自動化。這就可能需要雇用一個電腦程式員，因此，增加了一個新角色，組織的複雜也因而增加了。

程式員可能取代了檔案員，所以不會使組織的規模有所變動；又因爲採用新技術的緣故，組織不需要更多的人員。在雇用人員提供新技術的過程中，組織變大了。當然，組織規模與複雜度之間的關係，可能是互爲因果的。規模導致複雜度，複雜度又造成規模。財務主管雇用一個電腦程式員（複雜度增加），他對業務的處理有很大的助益，但他的負荷卻過於沈重，而這可能會導致增雇另一名程式員（規模的增加），或者是另雇一名電腦操作員（如果這位專業操作員的角色，正是先前的程式員，那麼它便同時是規模及複雜度的增加了）。

規模與個人

直觀上看來，組織規模似乎會影響個人的感覺與行爲，但只因爲規模如何來影響人，是決定於許多的因素，所以要找出通則也就比較困難。有些人在大公司中可能會有失落感，他們也許會覺得公司沒有人情味、冷淡而且不在乎個人因素，尤其是一個剛進入大公司的人，特別會有這種感受。然而，大公司通常是由許多正式及非正式的小羣體所組成，而這些小羣體可能會形成親暱的族羣，關心和認同個人。小羣體提供一種親暱感。以下的情況在公司內是稀鬆平常的：個人對公司內小羣體的歸屬感大於其對公司內較大的機構之歸屬感。正式及非正式羣體（規模相對地較爲小）因此成爲支持及認同個人的重要來源，而這些羣體所可能給予個人的認同，卻不是高高在上的主管所樂於見到的。

組織規模對工作滿足及士氣的影響，可能是正面也可能是負面的。在大組織裏面，有些人不論是留在原來部門（如由車床工人升爲領班），或調往其他部門，總認爲他們升遷的機會很大。大一點的公司，可能也提供了更多的安全感與更優厚的福利。

規模與控制

規模增大，有時也就增加了控制的問題（Ouchi,1977）。尤其當規模的增大是由於新角色的增加，而非只是在已有的角色上增加更多的人時，更是如此。管理者可能對處理新型工作或人物尚未熟稔。新角色可能涉及不易控制、協調甚或難以瞭解的行爲。就某種程度而言，這是削弱了管理者的權力或影響力。

事實上，當組織中人員的數目及類別增加時，組織內任何一個人的相對影響力均減少了。例如，某公司財務經理辦公室雇用了一位新任的電腦程式員，爲求效率，程式員通常不以九點到五點的工作時間工作，這是由於在下班時間（如晚上或一大早）電腦資料的取得較爲容易。此外，也可能是由於個人的創造力生理時鐘，碰巧是在晚上十一點到淸晨二點左右，（此時這個程式員的工作效率可達到最高）如此，這個程式員便很可能向財務經理要求，在非正常上班時間使用設備，進行工作。財務經理可能答應或拒絕這項請求，這就要看他個人的訓練與經驗而定。如果這要求得到了認可，那麼這位程式員便成爲一個能自行決定每天工作時間的員工，而經理相對的也就對其喪失了相當程度的控制與溝通。

本章本節已經討論了有關組織結構的一些特定構面，這些構面是以一種精密而複雜的方式相互作用著，組織的結構性安排和它對其成員行爲之影響，是組織氣候的主要決定因素。這就是我們討論結構的原因之一。關於組織氣候這個題目將在下一節加以討論。

組織氣候

所有的組織都有某種氣氛，或者如一般人所稱的——氣候。我們常聽到有人用下列的話來描述天氣：「這裏眞涼爽」，或者「這兒很沈悶」或是「這天氣眞陰沈」，組織氣候所產生的感覺也同樣可以用類似的敍述來表達。組織氣候代表組織的人格，它是由管理組織者之特質以及組織結構的方式所產生的（詳見 James and Jones,1974）。一個權威高度集中和由極度獨裁的人所經營的組織，其組織氣候便不同於權威分散與由放任民主的經理人所管理的組織。我們不能說這兩種極端中的一者必定優於另一者，這完全要看環境而定。但是，在前者之公司中工作的員工所體驗到的感受，當然會與在後者之公司中執行同樣工作的員工，迥異其趣。更進一步說，一個組織可能不只有一種氣候，而多重氣候則隨著各個員工的認知之不同而有所差異（Johnston,1976）。

組織氣候可能極其强烈，以致任何人只要花上一天的時間，與組織中的成員，談論同一個問題，便能掌握到這個組織的氣候爲何？組織氣候的影響具有普遍性，例如：組織氣候可能會影響員工的生產力、管理者協調人力及非人力資源分配的能力、工作滿足，和員工的流動率（Hellriegel and Slocum,1974）。組織氣候普遍影響的本質，Jerome Franklin（1975）已有詳盡的實證資料，其研究提供了下列模式：

當正式的羣體領導者（管理的領導者）與其部屬接觸時，組織氣候便强烈地影響其行爲。而此一接觸（又爲組織氣候所强烈影響）對同儕領導有重大的影響，這可由下列幾個方面看出來：工作時合作的程度，個人價值意識的增强，把工作做好的熱誠，而同儕領導又對於反映在信心、信任感、分享資訊、互相幫助以求適應不尋常的要求等等的羣體成員之互動本質有重大的衝擊。如此，組織氣候的改變可能直接改變了管理領導與羣體過程。Franklin 的研究同時指出組織氣候可能對同儕領導及羣體過程（如圖 4 －13 虛線所示），有較弱但仍是直接的影響。

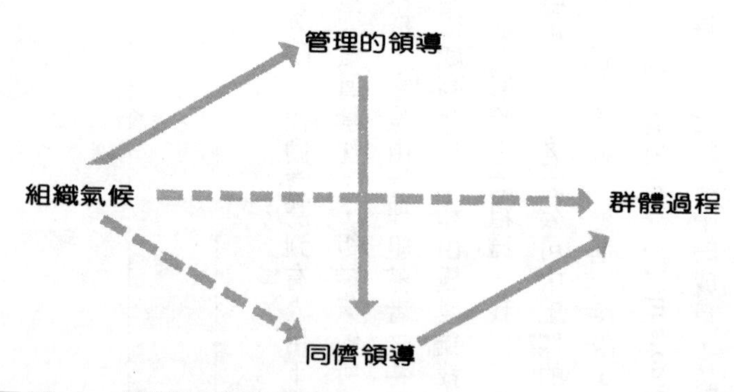

圖13-4　組織氣候的作用

在底下的討論中，我們將探討幾個組織氣候的要素，我們選擇組織問題解決（organizational problem solving）爲主要的例子，因爲在問題解決的過程當中，組織氣候表現的最爲明顯。底下指出四個因素：⑴問題的體驗⑵問題解決的承諾⑶問題解決的可能性⑷解決方案的控制。這些因素摘要如下：

- 問題的體驗：組織正面臨問題的意識之普及。
- 問題解決之承諾：承認進行補救措施的重要性，並企圖執行此一行動。
- 問題解決的可能性：組織接受及執行解決方案的能力。
- 解決方案的控制：人們認知自己在選擇與執行解決方案時，所能控制的程度。

問題的體驗

組織氣候的要素之一是，組織正面臨問題之意識的普及，例如，某公司發覺其主要產品之市場佔有率正逐漸降低。這個問題可能反映在銷售額之下降，特別是當市場一直很平穩時。如果市場正在擴張，這家公司便可由其銷售量沒有隨著整個產業銷售額之成長而增加，而發現出這個問題。

但並非公司裏的每一個人都會感受到此一問題的存在。例如，這產品的銷售人員、行銷副總裁，以及其他高級主管等，可能會對此一問題有所認知，至於與此產品無直接關係的銷售人員，也許就對它茫然無所知，至少在一開始時是這樣的。人事管理部門對這個問題也可能是毫不知情。有許多因素影響著公司人員體驗問題的程度。

資訊的流通

且讓我們假定，組織所面臨的問題是：公司銷售額增加的速度趕不上產業成長的速度。想要察覺這個問題，必先要監視產業的成長趨勢。公司可能會有一個正式的資訊系統負責從政府文件中蒐集資料，同時，推銷人員也可能需要回饋資料以向公司報告，關於顧客及潛在顧客在競爭產品上的消費情形為何。這將可使管理者明白那些人搶走了公司的生意，又公司可以從那些人手中把生意搶過來。這個問題也許是由銷售羣體以外的某個人首先發現，此如說，它也許最先由一位財務主管所察覺。這位財務主管注意到，雖然公司的利潤平穩，但其他主要的競爭者所發放的股票股利，無論在數量上及頻率上均高於公司。這個問題也可能是以一種較無系統的方式被發掘出來：行銷副總裁或許只是碰巧在商業雜誌上讀到整個產業銷售額的增加率，遠大於公司的銷售額增加率。

透過系統地或偶然地機緣等等方式，都可能蒐集到暴露問題眞象的明顯資訊。然而，資訊的蒐集愈是系統化，及早發現問題的機會也就愈大。一個要從財務主管那兒才知道其他公司正由於銷售量的增加而獲取巨額利潤的行銷副總裁，較之每個月檢視競爭者活動報告的副總裁，在時效上要慢上好幾個月。

一般說來，組織愈明瞭其自身所面臨的問題，愈有助於問題的解決與改變。我們必須明白，公司可能會有一些沒有被察覺的問題存在。公司的市場佔有率不像其他公司一樣的增加，就表示公司有了問題，或者至少是快出問題了。它可能導致喪失洞悉消費者心理的能力，而這又將使其銷售額降得更低。出毛病的主要癥結，雖然不是在管理階層對問題的體察上，但最好的情況却應該是如下所示：

公司相關資料有系統的蒐集→洞悉問題的能力→利於提出問題的組織氣候

組織結構和問題的知覺

我們可以提出底下幾個有關組織結構的觀察：首先，當一個組織愈是分權化，上達問題所需的時間就長些。同時，當組織愈是龐大與複雜，向水平方向傳達問題所需的時間也就長些。在一個複雜的組織中，感受到問題癥象的也許有很多人，但是他們在互相溝通上却極爲困難，甚至於他們對該向誰溝通都搞不清楚。假若這系統不鼓勵團隊精神，那麼也就無法發覺問題，如此，較大的規模、複雜度以及分權，可能對發現公司問題，有整體負面的影響。在此，我們强調其「整體性」，人數愈多，角色的數目也就愈大，同時，責任中心也會增多，從而問題癥象被察覺的可能性便較大。有較多的人在注意問題發生的癥象，這癥象就比較容易爲人所見。角色的種類愈多，有關問題癥象所處理的資料之種類也就愈多。最後一點，公司的責任中心愈多，就有更多的人會在其責任範圍內，去尋找問題的癥象。

問題解決的承諾

體驗問題的存在是一回事，承諾解決此一問題則又是另一回事。解決問題的承諾是認同進行補救措施的重要性，並企圖執行此一行動。管理者並不總是願意解決問題或覺得它值得去解決。

問題解決的低度承諾

問題解決的低度承諾可能有好幾個原因，較常出現的是：

1. 沒有足夠的時間解決問題。
2. 沒有足夠的技能解決問題。
3. 沒有足夠的財力支持適當的解決方案。
4. 解決方案雖然明確但無法執行，例如開除某位高級主管所寵愛的人。
5. 解決方案將會相對地削弱制定和執行方案者的影響力與權力。

6.**解決方案很明顯地與重要的公司政策相違背。**

當然，除了上述的原因之外，還有很多其他的理由，使得管理者無法對問題的解決加以承諾。

防止問題被提出的眞正理由與支持理由（espoused reasons）之間有些不同。所謂支持理由即是當管理者被詢及爲何某問題尚未解決時，所提出來的理由。通常這些理由都是些頗能爲大衆所接受的理由，在緊縮預算的情況下，經費不足往往是言之成理的。操作理由（operating reasons）則是那些眞正阻礙管理者解決問題的眞正原因，例如某位生產經理希望汰換某些機器，以求生產過程中品質管制的問題，他的正式請求就勾劃出了問題未能解決的理由，假定要求汰換機器並沒有其他目的的話，那麼這理由便同時是支持理由與操作理由。但是由於使用這批機器的生產線將在六個月內停工，所以總裁否決了他的請求。如此，生產線的即將結束就成爲缺乏解決品管問題承諾的操作原因。然而，這總裁可能還不願讓人知道，公司將要停掉此一生產線。因此，總裁回答生產經理的理由可能只是公司財務上的限制不容許即時的汰換。這就是支持理由了，與他的操作理由不太一致。

一個組織倘若對問題的解決缺乏承諾，便經常會在支持理由與操作理由之間發生歧異，因而使得這組織充滿著沈悶的氣候，上級與部屬之間也不能互相信任。關鍵決策者之間可能普遍存在著一種無法從事問題解決方案的感受，因而導致了不良的氣候。這不良的氣候甚至可能發生在支持理由與操作理由之間沒有歧異、理由正當的時候。一家經常因爲財務上的理由而不解決問題的

問題解決的可能性

體驗問題與對其解決方案加以承諾是一回事，而能夠接受而又去執行它則又是另一回事。問題解決的可能性代表組織接受及執行解決方案的能力。

影響問題解決可能性的因素

組織愈能夠接受並執行解決方案，解決問題的可能性就愈大。其攸關的能力包括：

1. 財務資源。
2. 問題解決有關人員所需之技術。
3. 人力資源所需之數量。
4. 關鍵人員嘗試新構想的意願。
5. 容忍錯誤。

企業問題的解決方案，大都需要一些財務資源，這點不必贅言。此外，特殊的解決方案也較平常的需要需更多的人員，特別是具有解決問題之獨特技巧的人員。例如，某公司的新產品研究小組，在尋找公司擴展的新機會上，遭遇了困難，因為這個羣體太小了，以致於無法去衡量所有可能的新機會。尤有進者，這個羣體特別缺乏熟練的財務分析師，而沒有他，這個小組解決問題的能力便大打折扣。

當關鍵人員願意嘗試新構想時，問題解決的可能性就提高了。若其他情況不變，新構想的嘗試爲組織提供了更多可能的解決方案，因此也就增加了獲得最佳方案的可能性。願意嚐試新構想會帶起一種冒險的精神，而這正是一個健全的組織氣候的特徵。另外，還要能夠容忍錯誤。當一個新構想失敗時，不該只是責怪其創始者與執行者。我們不能期待每一個解決問題的嚐試都能成功，這種容許的雅量爲組織環境創造了安全感，如此，人們在處理問題與解決方案時，對於風險的承擔也才會安心一些。

解決方案之執行

在接受與執行解決方案之間，有一個重大的區別必須弄清楚。這區別在接受與執行解決方案爲不同的人時，尤爲重要。例如：某公司於某一個管理階層遭遇了無法接受的衝突。藉著顧問的幫助，高級管理當局認定，這個問題需要一套組織發展的持續計劃。高級管理當局接受了這個解決方案，而低層管理者則負責執行這一方案。在一家發生這種情形的公司，解決方案的執行確有困難，同時會使問題更形惡化。在這個案裏頭，高階管理者並不知道，由他們所接受而由其他人執行的解決方案，引起了衝突，而這與日俱增的衝突却迫使兩位能幹的計劃主持人辭職。倘若高階管理者參與了方案的執行，它可能很快就會查覺到此一組織發展計劃是不適當的，或者是執行的不得法。

我們並不是說接受或批准解決方案的一定得要參與執行的工作，只是他們應該對解決方案不斷地加以監視，如此，當它進行得不太順利時，才可以將之暫停或修正。當接受方案者與執行者較爲親近時，底下這種感受比較不會產生：「看看現在他們要怎麼整我們！」

一般說來，高度正式化的組織結構在執行解決方案時，比較能夠避免不確定性與衝突。這可能是因爲正式化的組織通常會有一套既定的規章與程度，來指導方案的執行。另外一方面，組織結構愈是複雜，要執行一項影響組織整體的解決方案愈是困難。需要協調支配的角色種類愈多，執行的時間也要長些。此外，不同的角色愈多，抗拒與衝突的可能性就愈大。尤其當解決方案被認爲是削減某人或某羣體可用的資源，去幫助其他人或羣體時，抗拒與衝突將更强大。倘若公司中不同的角色愈多，這種看法就愈有可能產生。組織愈是集權，命令的執行愈迅速。同時由少數幾個人發出來的指示，對於執行的授權是必要的。

解決方案的控制

另一個影響組織氣候的主要因素是解決方案的控制，亦即，人們認知自己在選擇與執行解決方案時，所能控制的程度。一般而言，愈多的人認為自己對於選擇方案有控制權，他們對於最後的抉擇就愈為開明。這因而增加了執行成功的可能性。當員工也同時參與執行方法的決策時，更有助於執行的工作。

組織結構愈複雜，解決方案影響整個組織的程度愈大，人們所感受的控制力愈小。這是因為解決方案必須同時適合許多不同的角色，如此，個人對方案的形成或執行方向的導引，所能產生的影響力就小。組織愈集權，下層階級的管理者愈覺得自己對解決方案的沒有控制權。這些人可能會認為自己直接上級主管的機會較少，從而使得高階層管理者缺乏選擇與執行解決方案的權威。

影響組織氣候的因素間之關係

四種影響組織氣候的因素間之關係，如圖13-5所示。例如，知覺組織正遭遇問題的普遍意識，直接影響了組織成員對問題解決的承諾。假若已經有很多人都發覺問題的存在，那麼尚未發覺的人將比較容易對解決問題的行動產生承諾，反之，則不易產生承諾。（見圖13-5 a）。隨著人們受問題影響的程度不同，他們也受到解決方案的影響，並想要掌握解決方案的選擇與執行的控制權（見圖13-5 b）。問題的體驗愈深切，組織愈可能分配資源以求解決此一問題。這種對解決方案的承諾，也藉著提昇接受與執行方案的能力而增加了解決問題的可能性：因此，認同感直接影響了問題解決的可能性（圖13–5c）。解決方案之控制也直接影響了問題解決的可能性（圖13–5d）參與選擇與執行過程的人愈多，他們愈會瞭解爲什麼要有解決方案，從而增加了他們對此一方案開明的程度。這種開明的作風影響了接受與執行解決方案的能力，被問題與其解決方案影響所及的人愈多，採取行動的意願愈高(a)。愈多的人感受到行動方案的重要性，他們就愈想要影響或控制這些行動方案。因此，問題解決的承諾可能對問題控制有所影響（圖13–5e）。

圖13–5並沒有指出所有可能的關係。有一點必須注意的是：很多因素（也許是所有的因素）對組織氣候都有直接或間接的影響。對問題的體驗不僅直接影響組織氣候，它還透過其他因素（如問題解決的認同和解決方案控制）的直接影

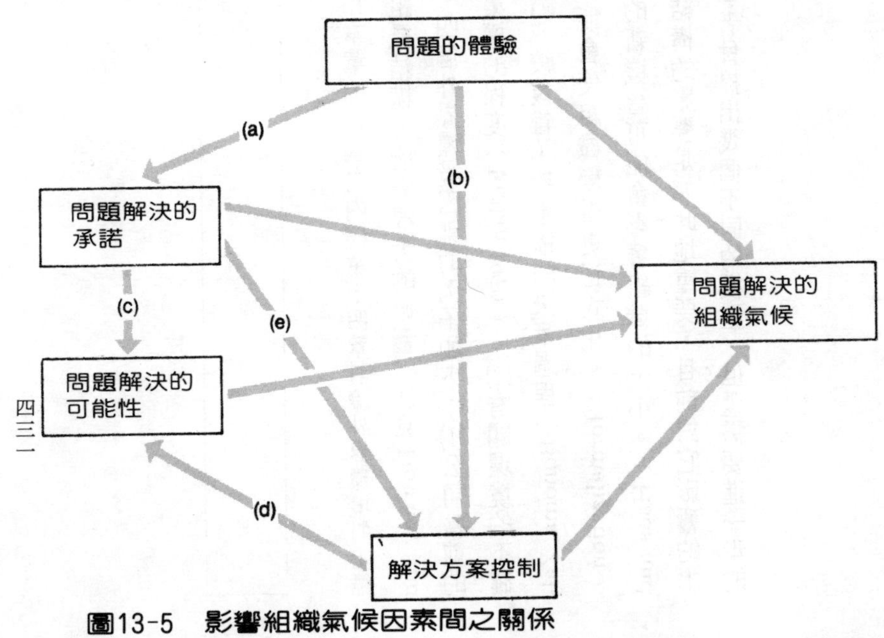

圖13-5　影響組織氣候因素間之關係

響，而間接地影響著組織氣候。

環境對組織結構之影響

詳細討論外界環境對組織結構之影響，並不在本章的範圍之內（第十四章討論外界環境對組織改變之影響）。在此，我們僅提示出外界環境對組織結構可能有很大的影響（詳見 Downey and Slocum.1975, and Darram, Miles, and Snow, 1975）。四個外界環境因素的例子如下：(1)公司當前的科技水準，在本質上，可能會影響組織複雜與集權的程度（Fullan,1970）。(2)有關環境的不確定性（原料成本、競爭者動態、政府立法）可能會造成較複雜、較集權的決策過程（Bonoma, Zaltran, and Johnston,1977）。(3)急速改變的環境可能會使組織變得更正式化。（formalization）（Zaltman, Duncan, and Holbek,1973）。(4)變動中的新機會可能會影響組織的大小。（Haas and Drabek,1973）。然而，儘管外界環境因素對組織結構的影響是如此地重要，目前對它影響的本質之瞭解，却尚嫌不足。關於這個影響的過程，學者曾提出幾個不同的模型，但還需要進一步的實證研究（見 Aldrich and Pfeffer,1976）。

摘要

本章已討論了幾個關於組織結構與氣候的主題。組織結構與氣候之間的關係是雙向的，茲表之如下：

組織結構 ←—— 影響力 ——→ 組織氣候

事實上，你在組織結構中的位置可能會影響你對組織氣候的認知。組織的成長可能會改變組織氣候，而組織氣候可能（至少是非正式地）改變組織結構（請參考正式與非正式分權的討論）。組織氣候與結構間的相互作用，有時並不太容易觀察出來。一部分也就是這個原因，使得影響組織結構的決策常常忽略了它對組織氣候的影響。最重要的，就是要避免這種趨勢。當我們考慮組織結構的改變時，必須弄清楚這改變對某一特定組織氣候變數之作用爲何，相反的，在考慮改變氣候變數時，則要認清其對組織結構之作用。

本章參考書目

Aldrich, Howard E., and Jeffrey Pfeffer. "Environments of Organizations." In A. Inkeles, J.S. Coleman and N. Smelsen（eds.）, *Annual Review of Sociology,* vol. 2, pp. 79–105. Palo Alto, Calif.: *Annual Reviews,* 1976.

Bonoma, Thomas V., Gerald Zaltman, and Wesley Johnston. *Industrial Buying Behavior.* Cambridge,

Mass.: Marketing Science Institute, 1977.

Darran, Douglas C., Raymond E. Miles, and Charles C. Snow" Organizational Adjustment to the Environment: A Review." Paper Presented at American Institute for Decision Sciences Seventh Annual Meeting,Cincinnati, November, 1975.

Downey, H. Kirk, and J.W. Slocum. "Uncertainty: Measures, Research, and Sources of Variation." *Academy of Management Journal* 18 (1975) : 562-73.

Edstrom, Anders, and Jay R. Galbraith. "Transfer of Managers as a Coordination and Control Strategy in Multinational Organizations." *Administrative Science Quarterly* 22 (June 1977) : 248–63.

Franklin, Jerome L. "Relations Among Four Social-Psychological Aspects of Organizations." *Administrative Science Quarterly* 20 (September 1975) : 422–33.

Fullan, Michael. "Industrial Technology and Worker Integration in the Organization." *American Sociological Review* 35 (1970) : 1028–1039.

Haas, J. Eugene, and Thomas E. Drabek. Chapter 6, *Complex Organizations: A Sociological Perspective.* New York: Macmillan, 1973.

Hellriegel, D., and J.W. Slocum. "Organizational Climate: Measures, Research, and Contingencies." *Academy of Management Journal* 17 (1974) : 255–80.

James, L.R., and A.P. Jones. "Organizational Climate: A Review of Theory and Research." *Psychological Bulletin* 81 (1974) : 1096–1112.

Johnston, H. Russell. A New Conceptualization of Source of Organizational Climate." *Administrative Science Quarterly* 21 (March 1976) : 95–103.

Kimberly, John R. "Organizational Size and the Structralist Perspective: A Review, Critique and Proposal." *Administrative Science Quarterly* 21 (December 1977) : 571-97.

Mackenzie, Kenneth D. *Organizational Structures,* p. 10. Arlington Heights, Ill.: AHM Publishing Corp., 1978.

Moch, Michael. "Structure and Organizational Resource Allocation." *Administrative Science Quarterly* 21 (December 1976) : 661–74.

Ouchi, William G. "The Relationship Between Organizational Structure and Organizational Control." *Administrative Science Quarterly* 22 (March 1977) : 95–113.

Thompson, Victor. "Bureaucracy and Innovation." *Administrative Science Quarterly* 10 (June, 1965.)

Zaltman, Gerald, Robert Duncan, and Jonny Holbek, *Innovations and Organizations.* New York: Wiley-Interscience, 1973.

第十四章 組織改變

組織改變是最令管理者著迷的挑戰之一，它是一個可以被弄好，但通常却又沒弄好的過程。它是一個不該發生時，却又偏偏發生的過程，有時，在該發生時却又不發生了。迷惑嗎？現在也許有一點兒吧！本章將引敍當前有關組織改變的思潮與研究，從規模的觀點來探討這些和其他主題。

組織改變是由組織中任務、科技、結構或人員的修正。這裏提到的修正是一些組織的新事物，因此，對組織而言可說是革新（innovation）。Robert A. Cooke（1979）融合了Leavitt（1965）的研究，提出了組織改變之構面：

組織所從事的任務發生改變（亦即修正組織的工作內容），幾乎無可避免地總伴隨著科技的改變（亦即修正組織的工作方法）。任務與科技的改變通常需要變更組織結構，這包括權威型態、溝通型態與成員角色的改變。這些個科技與組織結構的改變，可以從而導致組織成員的改變。例如，組織成員們可能必須獲取新知，培養新技能，以求履行其被修正過的角色同時與新的科技共事（Leavitt, 1965）。

組織改變是組織發展的中心課題。而所謂的組織發展（organizational development）指的是：高級管理者利用行爲科學的知識，藉著其對組織過程的⑴有計劃介入，從事⑵組織全面性的：⑶規劃、⑷操弄，以求⑸增加組織健全與成效，所做的努力（Beckhard, 1969, P.9）。關於組織發展策略與技術的文獻爲數很多。（見 Hellriegel and Slocum, 1976; Pasmore and King, 1978; Kahn, 1974; Friedlunder and Brown, 1974; Bowers, 1976; and Duncan et al.,1977）。

本章的討論包括廣泛性的改變（亦即組織全面性的改變）如組織發展。也包括了範圍較爲狹隘的討論，如小部門主管所要進行的。在本章我們要把重心放在組織環境、人們接受新科技或革新的過程、革新的本質，以及革新對組織結構之影響。然而，首先我要討論的是管理者在改變過程中所扮演的角色。

改變過程中管理者的角色

改變過程中管理者的角色可能由高度的主動到極端的被動。在整個改變的過程當中，高階管理者可能完全沒有與低階管理者諮商。管理者亦可能在有機會參與改變過程時選擇了被動的角色。對這樣的決策可能有好幾個原因。例如，管理者對改變可能持漠然的態度，同時認爲參與改變的過程，對個人毫無益處。另外，他對某一改變可能持有敵視的態度，同時，他可能認爲只要不積極參與此一過程（保留他個人的專長、創造力或贊許）便能阻止改變的發生。還有就是，管理者可能高度支持此一改變，但却不參與其中，因爲他可能覺得自己的建議不會被採行，花時間在規劃此一過程上是一種浪費。值得注意的是：同樣是被動，在某一狀況下管理者對改變的態度是漠然的，在另一種情況下他的態度却是有敵意的，第三種情況則是因對大一點的組織存有反感，所以形成被動。這些都是有關改變之被動管理行爲之原因，並無所謂對或錯。若其他的條件不變，而要人們運用其有限的時間參與一些他們認爲不重要的改革計劃，或即使是重要，但却不太可能被批准與執行，則是不近乎人情。

當管理者積極參與改變的過程，他可能必須執行一些任務（Beyer and Trice, 1978，特別是第一章和第三章）。這些任務可能是由上級授權下來的，也可能是管理者自己所發動的。欲有效地執行這些任務，必須透徹瞭解本章其他地方所探討的各個主題。在一個正式組織之中，一個完整的改變過程必須執行下列任務（採自 Beyer and Trice, 1978）：

1.在你的責任範圍之內，找出未盡如意的需求或問題，以及造成此一問題的內外環境因素。

2.找出並評量各個解決問題的革新方案。

3.發動一個採行最佳方案的個人或羣體過程。

4.散發有關採行方案的理由，以求發動改革。

5.分配資源給投資設備、雇用、訓練及報酬系統，以執行改革。

任務的4與5要特別注意溝通過程（第十二章）及組織結構變數（第十三章）。管理者必須一方面對組織結構的特殊形態間的互動保持敏感，另一方面又要時時注意改變過程與其屬性間的互動關係。後者在本章將有特別的介紹。任務3牽涉到決策模型，這在本章及第四章均有所討論。最近的組織行爲專家已開始著手研究，管理者在從事上述五種功能的時候所使用、不使用或濫用的研究。本章對這個主題尚無法詳論，在此一提只是爲了鼓勵讀者參考逐漸出現有關管理者所使用之研究的文獻（Clark, 1972; Lingwood, 1979; Zaltman, Florio, and Sikorski, 1977; Weiss, 1979; Kilmann, 1978; Holzner and Mark, 1979）。

爲何發生組織改變

組織環境的影響

組織並非獨立個體，它們存在環境之中，並與其發生互動關係。雖然，有時候環境被解釋爲公司以外的力量或現象（例如競爭者及消費者），但將它看作是內外在環境會比較有用些，特別因爲這兩種環境會互相影響（Mcneil and Minikan, 1977; Baldridge and Barnkam, 1975）。事實上，組織經常創造一些特殊的職位或角色，這些人的主要工作就是負責連接內外在環境（Tushman, 1977）。如此，我們可以將組織環境定義爲：「組織的個人在決策時，所直接考慮的實體與社會因素之總合。」（Zaltman and Duncan, 1977, P.250）。公司的內在環境因素包括公司的各個部門及人員，而外在環境因素則包括商會及供應商。表14－1詳細地列示了組織內外在環境的各個組成要素。

試考慮兩個說明這兩種環境之互動關係的例子。最近許多大型營造商，面臨了建材短缺的嚴重問題，因爲許多小的建材供應商退出了這個行業，所以，當主要供應商無法立即滿足需求時，也就沒有其他補救之道了。爲了因應這種外界環境的改變（供應商數目減少），大營造商乃將其日常採購的一部分，分配給剩餘的小供應商，以幫助它們繼續生存下去。這就造成了採購策略之改變。然而在許多情況中，這種採購策略同時也意味著付予較高的價格給某些供應商：原來可自

表14—1 組織內外在環境的組成要素

內在環境	外在環境
組織的人事要素 A教育、科技背景與技術 B先前的科技與管理技能 C個別成員對達成系統目標的投入與認同 D人際行爲風格 E系統內可資利用的人力	**顧客要素** A產品或勞務的中間商 B產品或勞務的眞正使用者
組織、功能及幕僚單位要素 A組織單位的科技特徵 B各組織單位在達成各自目標時互賴的情況 C組織、功能、幕僚單位之單位內衝突 D組織、功能、幕僚單位之單位衝突	**供應商要素** A新原料供應商 B設備供應商 C產品零件供應商 D勞工供給
組織要素 A組織理想與目標 B整合個人及群體以求達成組織目標的整合過程 C組織產品的本質	**競爭者要素** A供應商的競爭者 B消費者的競爭者
	社會政治要素 A政府對產業的法律控制 B大衆對產業及其產品的政治態度 C與商會之關係
	科技要素 A配合產業本身及相關產業的科技要求 B使用新科技以改進及發展新產品

主供應商獲得的數量折扣，現在也許沒有了，此外，小供應商可能不問顧客的購買量爲何，其基價相對的比主供應商來得高。營造公司的決策者這項行動影響了外界環境，使供應商的數目不再減少。同時，旣已採用較高成本的供應商，則採購部門績效的衡量，便不能再以他們採購成本作爲重要基準，其他的基準也必須給予較重的權數。如此，內部環境就改變了。組織原先所改變的外界環境，現在反過來改變了內部環境。而內外在環境的持續相關在第二個例子中，我們可以看得很淸楚。

最近在波斯頓（Boston, Massachusetts）附近，一個中型城市的公立學校，其教學及行政人員受到輿論的嚴重批評，因爲三年來學生在全國學業競試的表現每況愈下。這個社會政治要素的改變（輿論批評與不滿）迫使教育長辭職。代理教育長馬上對這個教育系統做了幾個改變。其一爲內在環境的人事要素，例品雇用了較多的補習專家。另外，將資賦優異兒童計劃擴展到小學，因而改變了組織結構，同時不再强調音樂、藝術及職業課程的指導。儘管這些改變並沒有得到教育家或社區民衆的一致贊許，然而這些行動（或改變）確實減少了輿論的批評，這外在環境的改變從而提高了教師及行政人員的士氣，並減少了敎師辭職的人數，緩和了教師離職的問題。

改變的原動力

組織改變的原動力可能源於組成組織內外在環境的要素。績效差距（performance gaps）這個觀念對於瞭解改變的原動力頗有用處（Zaltman, Buncan, and Holbek, 1973）。所謂績效差距亦即期望績效與現實績效之差距。它是組織目前所執行的任務之成果（例如新人的招募）與組織認為其實際所應達到的成果間之差異。在我們的例子裏面，理想的與實際的人員素質差距愈大，愈需要改變其人員招募策略。

值得注意的是，並非每一個人都會感受到績效差距，人事主管也許對其所招募員工的素質感到滿意，因此沒有察覺到理想與實際的差距。但另一方面，生產經理與辦公室經理可能對其所領導的人之技能很不滿意，他們可能認為公司可以找到更有才幹的工人或辦事員。如此，生產經理與辦公室經理就感受到了績效差距。這些經理所要做的是想辦法讓人事主管也體會到績效差距，而人事主管則是想要縮小這兩位經理所感受到的績效差距。

績效差距可以藉著對現狀滿意程度的增加（減小）或說明現況確實（未能）與理想相近而

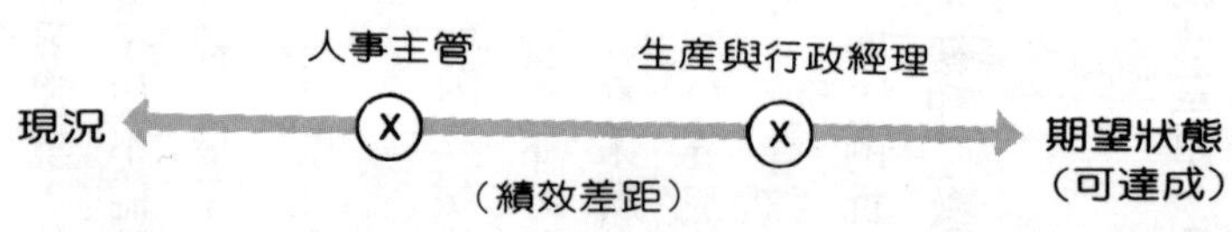

圖14-1　績效差距

縮小（擴大）。爲了提高對現狀的滿意程度，人事主管可能會表示其他經理的目標，基於預算的理由，是不切實際的，或者是不可能的。如圖14－1所示人事主管將會想辦法將處於右邊的經理（表示對現況高度的不滿）移至自己所處的位置。相反的，這兩位經理則可能會想辦法將人事主管拉到他們的位置，他們會表示現在的績效水準是如何的低落，如何的不合標準，同時認爲雇用較佳素質的員工是可行的。但人事主管可能會理直氣壯的表示，依公司現行的薪酬水準，在外面根本找不到更好的員工。一旦經理們接受這一個論點，即是一項改變。更進一步的改變可能是在職訓練計劃的引入或擴張。然而，經理們也可以有相反的說法，以促使雇用策略的改變。另外一種可能的情況是：人事主管、經理們都不改變他們的位置。倘若他們都堅持自己的立場，那麼另一種組織改變便產生了——亦即是衝突的增加。公司各單位間的衝突增加，可能會引來第三者的介入，高階管理者可能會來仲裁這項爭議，並指示改變人事雇用策略。如此，人事管理即使沒有感受到績效差距，仍然會參與改變。並非所有參與改變過程的人，都體會到改變的必要或同意這項改變的本質。第十章曾經提到求同模式（consensus-seeking model），管理者依照這個模武來增加員工需求改變的感覺，並促使其對某一改變的贊同。在此，讀者也許願意回過頭去溫習一番。

革新、個人、組織結構

本節將强調三個改變過程中的特殊因素，它們是：改革過程中個人的行爲、革新的本質或是所做的改革，以及組織結構對改變過程的影響。我們將特別强調革新與組織結構間的互動關係。

個人革新決策過程的綜合模型

許多學者認爲發展一套組織中個人或羣體採行革新決策過程的模型是有用的，當人們或羣體承諾要重覆或繼續使用革新，我們就說他們是採行了這項革新。圖14－2是綜合各種模型所得的模型。由於有關革新的決策與有關構想、實務，或大家不認爲是新的事物之決策有其不同點，在此我們需要一個特殊的模型（Berning and Jacoby, 1974; Rogere and Agarwala－Rogers, 1976）。

基本革新採行過程如圖14-2的方格所示，由右到左表示由認知到採行的各個階段。每一個方格上面表示此一階段抗拒的主要來源。雖然我們無法對各抗拒的功能價値及其必然性詳加述說，但我們仍然希望讀者將改變的抗拒，看做一種正面的因素（See for example, Biggart, 1977; and Zaltman Florio, and Sucorsvi, 1977）。

知覺　革新採行的內部過程自認知開始。爲了革新的最終採行，革新本身及其需要性，都必需爲管理者及其他員工所知覺。事實上，在一個組織中，引入改革的中心任務之一即是創造改革的需

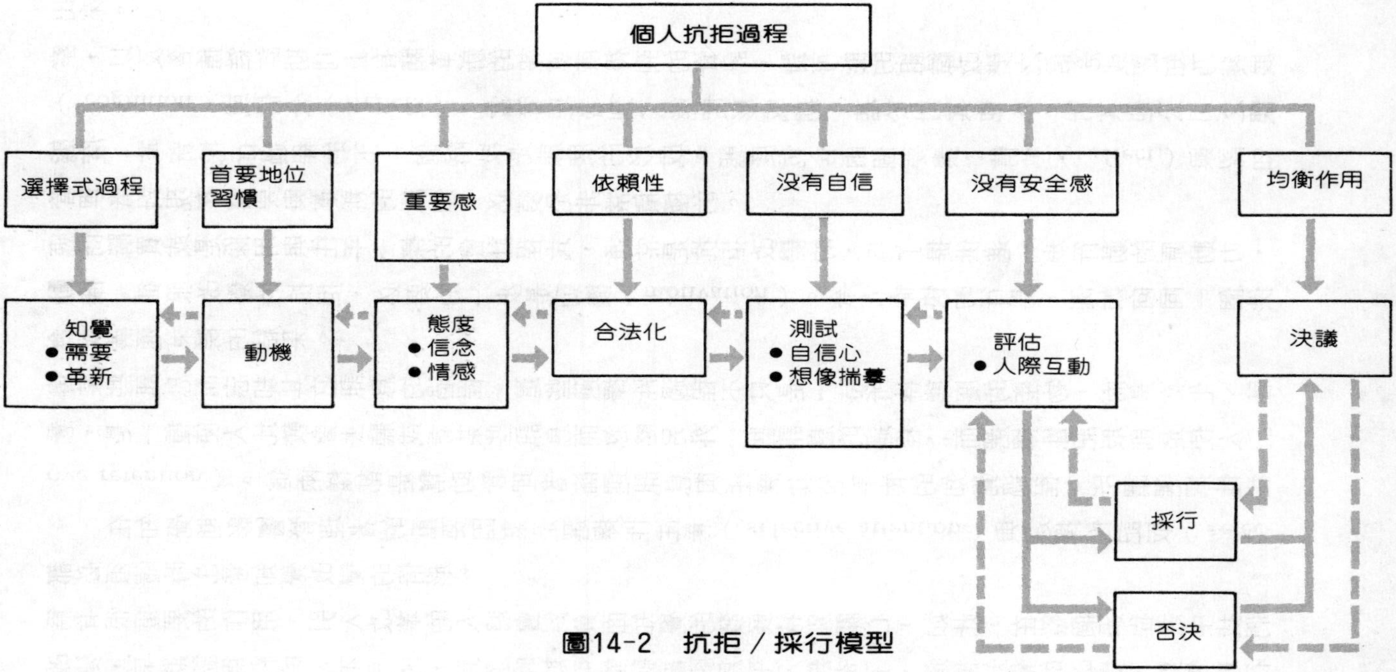

個人抗拒過程

選擇式過程
首要地位
習慣
重要感
依賴性
沒有自信
沒有安全感
均衡作用

知覺
● 需要
● 革新

動機

態度
● 信念
● 情感

合法化

測試
● 自信心
● 想像揣摹

評估
● 人際互動

決議

採行

否決

圖14-2　抗拒／採行模型

求意識並提供滿足此一需求的革新。當管理者經歷各個採行階段時，其對創新的知覺很可能發生改變，早期認爲新的、不同的，到了晚期可能就被視爲平凡無奇了，這種知覺的改變，對管理行爲有很重要的作用。引入改革的人將會對負面知覺的發展特別關心，如此，在整個過程之中我們都必須隨時注意知覺改變的情形。

在知覺期影響管理者的重要因素是選擇性注意（selective attention）與選擇性記取（selective retention）。這兩樣都是幫助管理者篩選訊息與注意其他事物的知覺過程。所謂選擇性注意，是一種使人比較會去聽或看某些訊息而忽略另外一些訊息的過程，而選擇性記取則是使人記得某些訊息而忘却其它訊息的過程。這些選擇性過程不只是一時所持態度的產物，而是文化、社會或溝通氣候的結果。

動機　征服改變的抗拒，必要的一步是動機（motivation）。令人愉快的行爲，例如向同一個供應商購買或是採用與往年一樣的會計程式，通常是抗拒改變的，爲了提供進一步行動的原動力，管理者對現存需要與革新的認知，必須是非常積極的。

態度　革新採行過程的下一個階段是態度的形成。態度包含兩個要素：情感（affect）與認知（cognition）或信念（beliefs）。當管理者到了態度形成期，基於對其他人，對其他公司之觀察，以及各種雜誌期刊上有關革新的報導所得到的資訊，對可能的組織改變之信念或認知乃發展出來。

也許是由於被偪促在對革新的好惡上，這個階段情感的要素比較不那麼強烈，而這種好惡的力量，促使了後續的行爲。力量愈大後續階段的進行就愈快。

這個階段有一種重要的抗拒是管理的重要感或不適感，這種感覺可能會使管理者認爲他們無法滿足他們的需求，因爲缺乏使用革新的能力。

合法化 在合法化的階段，管理者追尋的是改變的增强作用，改變的適當與否是最重要的。這可自觀察其他重要人物是否做了類似的改革，或尋求同儕及公司關鍵人員之同意來決定。依賴他人的同意可能是抗拒採行革新的來源，其他人可能反對革新而支持現狀的維持，同時尋找適當人選，徵詢其意見，可能需要耗費許多時間。

測試 在測試階段期間，管理者可以先在一個部門試驗此一革新，有時候，因爲革新的本質或者環境因素的緣故，可能不容許這種局部的測試，然而，管理者仍可將心比心地測試革新，用想像揣摹另一位實際使用這項革新的管理者之感受。

評估 評估乃介於測試與採行之間的階段，在測試之後，管理者評論繼續使用革新的好處與壞處，雖然每一個階段後，都可能有不正式的、簡短的評估，但是，爲了對整個情況做個總檢討，在正式的認同革新之前，必須做一個總的評估，因此在這個模型之中，評估在採行之前，如果管理者對自己評估改變的能力不放心，那麼即使測試的結果令人滿意，他們對實際的採行仍會裹足不前，他們可能會覺得自己忽視了某些重要的資訊，或者以爲自己並不適於評斷此一革新，這種不安全感乃是評估階段的抗拒來源。

採行或否決 採行期表示管理者承諾繼續使用革新的最後一步，這個階段，像態度形成期一樣，有認知及情感的要素，同時也有行爲的要素。然而這個階段與態度形成期有一個重要的區別。在採行期認知要素包含了來自測試期個人體驗的信念，這些信念較之態度形成期的信念還要强烈，採行期中形成的信念，可以補充或取代態度形成期中的信念。在此，情感的要素也就比態度形成期爲强。事實上，要讓一個人持續使用一項革新比讓一個人持續想要使用這項革新，所需的誘因當然要大得多了。

採行革新的替代方案是否決革新，在這個階段之前的過程中，這種令人不滿的結果可能會造成負面的感覺與信念，否決革新的要素與採行的要素相同，同時也有類似的强度。

決議　最後一個階段是決議期（Campbell, 1966），決議期的一個特點是認知失調的弱化（dissonance reduction），所謂認知失調是兩個信念相互衝突的結果；當一個人做了一個決定，但仍然有揮之不去的疑慮，就產生了決策後認知失調（post-decision dissonance）。當吾人在兩個或多個同樣引人的方案中抉擇時，便可能產生認知失調。然而，許多革新可能較先前所知的任何方案都要優越，或者只是唯一已知的解決方案。因此，認知失調在革新採行中並非是不可避免的。有毫不後悔的，甚至熱情的去採行某些革新，因此決議期很可能包括了認知失調以外的反應。決議期還包括了所有來自對採行（或不採行）革新的決策之調適（有些是正面的，有些則爲負面的）。維持既有狀況的概念，在此我們用均衡作用（homeostasis）這個抗拒過程來代表。

革新

所謂革新，指的是個人或羣體所認爲新穎的觀念、做法或事物（Rogers and Shoemaker, 1971）。假若某一改變，組織的成員認爲它是新穎的，那麼它對這些人就是一個革新，儘管其他組織或個人早已採用了這項革新。一項革新給人們的感受爲何，可能遠比決策者的個人特質，或決定是否採行這項革新的社會環境更爲重要（Cooke, 1979; Ostlund, 1974; and Bonoma, Zaltman, and Johnston, 1977）。

革新的屬性

革新的特徵可以用一套屬性，大略地描繪出來。當評估某一革新爲組織接受的可能性時，下列是一些必須考慮的重要屬性（see also Downs and Mohr, 1976）。

1. 相對益處：這革新有些什麼其他方案所沒有的好處。
2. 複雜性：(a)使用這革新的困難度，(b)瞭解它如何運作的困難度。
3. 配合性：(a)這革新與組織的考慮配合的程度(b)革新與組織社會環境配合的程度(c)革新與其他相關革新配合的程度。
4. 可試性：不用實際運作即可測試的程度。

5.可分性：革新可被小規模測試的程度。

6.可止性（Reversibility）：革新可以完全中斷而沒有不良作用的程度。

7.溝通性：接收或發送有關革新之資訊的難易程度。

8.調適性：修改革新以適應組織或使用者特殊情況的難易程度。

9.成本（Cost）：所需財務性與非財務性的數量。

10 實現性（Realization）：使用革新，實現其好處的快慢程度。

11.風險性（Risk）：革新產生不良後果的可能性與嚴重性。

隨著革新在表14－2所列項目之評分高低，可以明白此一革新採用時的難易程度。然而，就某一既定的革新而言，並非所有的屬性都一樣重要，因此，在衡量革新的時候，不同的屬性也應

表14－2　支持與反對革新的特質

支持	反對
相對益處	複雜性
配合性	成本
可試性	風險
可分性	
可止性	
溝通性	
調適性	
實現性（早）	

給予不同的注意力。

不巧的是，關於不同情況（如醫院與製造廠）下各個屬性的相對重要性，並沒有可靠的資料可循。不過在採行過程的各個不同階段，各個屬性對個人的相對重要性，倒有些資料可資參考，但這必須假定其他情況不變。例如，知覺與動機相對益處與複雜性特別重要；態度形成期配合性、溝通性，及風險性特別突出；合法化期配合性再一次表現其重要性；測試期可試性、可分性與可止性較爲重要；在評估期間，成本、實現性、調適性特別重要；採行或否決期，所有的屬性都重要；雖然在決議期，許多屬性都很重要，但調適性特別突出。這裏重要的觀念是：在不同的策略階段，決策者所應特別注意的屬性也有所不同。

分類大系

以革新的效果而不以個人對革新之屬性的認知爲基準，來分類革新，是一種極有用的分類法（Koontz, 1976）。

增益革新（Incremental Innovations） 首先是增益革新：個人認爲新穎的構想、作法，或產品，皆能增加期望效果的革新。例如，某農場使用肥料增加土地所需的重要化學物質，以增加生產。某高度自動化的生產線增加了公司人員從事其他活動的時間。

增益革新有兩種基本類型，第一是眞實增益革新（true incremental innovation），它提供了以前所沒有的好處，如將卡車換裝輻射胎（radial tires）就延長了輪胎的壽命。第二種革新叫做維護革新（reinstatement innovation），這也是要提高某些東西的，但在這裏只是重建其先前的價値而已。如病人服用藥物來重建健康的身體，新設備汰換舊設備以免妨礙生產等，都是這種革新。

預防革新（Preventive Innovations）　第二種基本類型是預防革新，亦即避免某些不良的情況發生，例如人壽保險便是。要將失去重要主管時，所產生的財務損失降到最小。

預防革新有三種，第一種是眞實預防革新（true preventive innovation），它直接影響不良情況的發生與否，維修設備的新方法便是一個例子。第二類預防革新是偵測導向的，偵測導向革新有助於不良狀況已發生或將發生的偵測。品質管制即屬於這一類，而公司所有的高級主管定期的健康檢查，也併在這一大類之中。弱化革新（alleviation innovation），是第三種預防革新，它購於實際事件之前，例如，繫上安全帶僅可以使傷害的嚴重性減輕，但並無法降低意外發生的可能性。

組合革新（Combination Innovations）　組合革新可能同時有增益及預防的效果。如某公司鼓勵員工參加保健組織，它能增進健康又能預防疾病，如此，員工的工作能做得更好（增益效果），同時缺勤率也就降低了（預防效果）。

現在我們可以得到幾個通則：第一、採行增益革新的速率大於採行預防革新的速率。第二、採行組合革新的速率大於採行單一革新（增益或預防）的速率。第一個通則的理由是增益革新較爲明顯，因此較爲容易溝通，第二個通則的理由是組合革新所產生的利益面較廣，所以比較爲人們所接受。如此，假若管理者希望革新爲人所接受，他必須（可能的話）將革新以同時具有增益與預防效果的組合方式表現出來，但至少要比較着重增益革新所帶來的利益。

組織中革新決策過程的綜合模式

本節將討論組織決策過程的各個階段（見圖14－3）。如前所述個人革新決策過程的模型一樣，我們將討論每一個階段的抗拒來源。雖然個人革新決策模型對只有一個人做決策時很有用，但是當有許多人牽涉在內時，這就不足以說明整個情況。這裏所討論的模型比較强調組織的描述而非管理者個人、基本單位的分析。當兩者一起考慮時這兩個模型都頗有用處。

啓蒙期（Initiation Stage）

從組織知道替代方案，評估它們到決策爲止稱爲啓蒙期。這個階段又分爲三個次階段：知識知曉期、態度形成期、決策期。

知識知曉（Knowledge awareness）　知識知曉期集中在組織如何知曉可能帶來改變的革新。績效差距是知識期的一個要素，如前所述，當組織所做的與決策者心目中認爲應該做的之間有偏差，就發生了績效差距（Downs, 1967）。績效差距加緊了替代方案的尋求，因而成爲促使改變的刺激。

引發改變之革新的知識知曉隨著其所知覺之績效差距的不同，而有兩種不同的方式。組織也許需要改革，這促成了處理問題新方法的追尋，而這一追尋就爲組織帶來了新的做法。例如某組織認爲其資訊蒐集之效率低落（亦即績效差距），爲了改進這種狀況，組織乃追尋替代的方法，因而發現新的管理資訊系統，以做爲改革的辦法。

知識知曉的第二種方式是組織一開始就知曉某些革新，一旦知曉，組織便可能會認爲它可以做得更好，在這種情況下，績效差距在知曉之後變得明顯起來，例如，某組織不覺得有什麼需要去革新，然而當管理者們參加常會之後，他們知道了有一套更新穎、更複雜、更有效率的資訊系

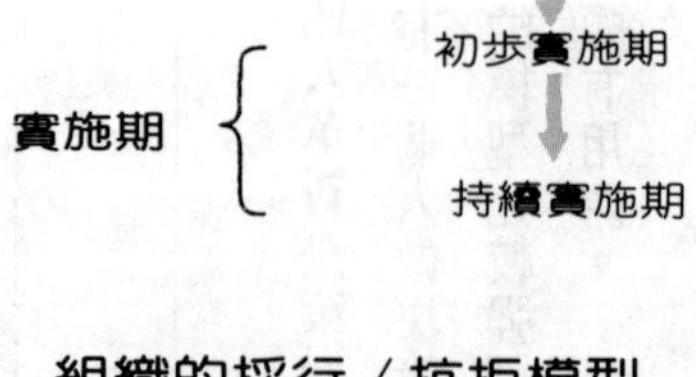

圖14-3　組織的採行／抗拒模型

統，現在這些管理者知道他們的組織在資料的蒐集上可以更有效率，這種知覺提高了他們的期望績效，他們開始感受到改變的需求，想要建立一套新的資訊系統。如此，知覺知曉有兩種方式：⑴先有改變的需要，促成尋求，然後導致知曉。⑵知曉某項更好的代替方案，造成其對現行做法的不滿，然後產生改變的需要。

這個階段的一個抗拒來源是穩定性的需要，由於新產品或新供應商的採用可能會破壞公司的平衡狀態，有關較佳產品及供應商的資訊，會被那些個因改變而有不利影響的人所封鎖。夜郎自大的心理也可能是個障礙，一味相信公司的獨特，認爲標準化產品不重要，會導致無法吸收新資訊的弊端。

態度形成（Attitute Formation） 當組織成員對革新形成態度時就叫態度形成期。這種構成改革的組織氣候之態度，不論在組織決定採行或否決革新時，都扮演著重要的角色。

一般而言，人們對革新的態度頗爲重要，因爲它們創造了改革發生的環境，例如，在一項保健系統革新的研究中，發現主管們與其他可能參與策略性決策的人們所持支持改革的態度，是改革實行成功的重要指標，甚至比組織複雜度、分權程度，或正式化程度等變數還要重要（Hage and Dewar, 1974）。另一份美國及加拿大的保健部門之研究報告亦指出高級主管對革新支持的重要性（Mohr, 1969; Downs and Mohr, 1976）。這個研究發現，主管人員對革新的積極態度，通常在革新的實行上是頗爲重要的。這可能是由於組織內的主管和主要的菁英份子在引發改革上有較大的影響力，只因這些人支持改革時，是被視爲傳統常模的異常者（deviants），他們有較多的正式權力使用這些支持性的態度來實施改革，如此，乃成爲其他人心目中組織改革的有力據點，很明顯的，這種態度傳播了鼓勵他人接受改革的承諾。

這裏對推行改革的管理者，有一個啓示，管理者愈能利用組織中主管及菁英份子對改革的支持態度，這項改革的嚐試愈會成功。

決策（Decision） 在決策期，管理者必須決定到底要不要實施改革，在這個階段決策者需要廣泛地蒐集與處理資訊，以幫助他們做抉擇。

在態度形成期與決策期，有許多抗拒來源。假若組織有好幾個階層，要由下而上傳遞有關革新的資訊，是頗爲困難的，同時，如果組織中不同的角色愈多，也就會有愈多不同的態度，如此要產生共識，便不容易，缺乏共識也就從而使得決策變得困難而費時了。

實施期（Implementation Stage）

實施期是改革過程的主要階段，它由兩個次階段所組成。在長期承諾改革之前，利用測試的方式決定改革的實用性，這個階段稱爲初步實施期。

抗拒可能發生在初步實施期，在這個階段干擾最大，因爲並非所有的突發狀況都是可以預期的。抗拒可能是被動的也可能是主動的，部屬可能不願服從命令或正確、完全地使用革新而被動地抗拒革新，假若他們沒有參與改革的諮商，或認爲自己被過分地擺弄，那麼他們也會抗拒革新的實行。

在測試之後，組織乃決定長期地採用這項革新，這個次階段叫做持續實施期。例如：某組織在其內部一個部門，安裝了一套新型管理資訊系統，在六個月的測試之後，這組織認爲此項革新頗爲成功，便決定在組織的其他部門實施這項改革，並長期的使用這套系統。

在初步實施期之後，也可能有抗拒產生，這革新也許不能達到預期的效果，它可能會產生一些麻煩的衝突。反過來說，即使這項革新達成了預期的效果，它仍然可能會有一些未曾想到的不良後果，此外，當人事更動，而新人與舊人對革新的偏好不同時，革新亦可能會被捨棄。

總結地說，組織改變與革新的過程，有兩個不同的階段，啓蒙期是關於組織如何知曉改革、形成態度及做成有關執行改革之決策，而實施期則是關於組織如何將改革整合至其後續過程。

組織結構與革新

組織有各種影響其採行革新的可能性之特質。例如，同一產業的不同公司，對於新的管理技術或新型機器的接受程度就不一樣。這種不同往往是由於各公司組織結構的不同。

組織因著複雜程度、正式化程度、集權程度而有所不同，這在十三章已有論述。在此簡短複習一下：複雜程度表示組織中專業人員的數目，以及各工作之間的不同。正式化程度（formalization）表示强調規章及程序的程度，而集權程度（centralization）則表示權威與決策的分配，亦即是決策的階層及參與決策過程的人員數目。

關於組織結構變數對先前所提革新決策過程的兩個基本階段的作用，有兩個重要的概念。第一個概念是新構想、新產品或服務的啓蒙，乃得力於⑴高度複雜⑵低度正式化⑶低度集權（Zaltman and Duncan, 1977）。表14-3所列，爲這一型組織結構的特殊元素。

第二個重要的概念是新構想、產品或服務的實施，乃得力於⑴低度複雜⑵高度正式化⑶高度集權（Zaltman and Duncan, 1977）。表14－3也同時說明了這些結構如何影響革新的實施。

這兩個重要的概念如圖14－4所示。一份最近的研究報告（Grönhaug,1975）支持高度複雜的組織有助於革新的啓蒙這個論點，這研究指出，當參與決策的是許多不同類型的人時，則各資訊

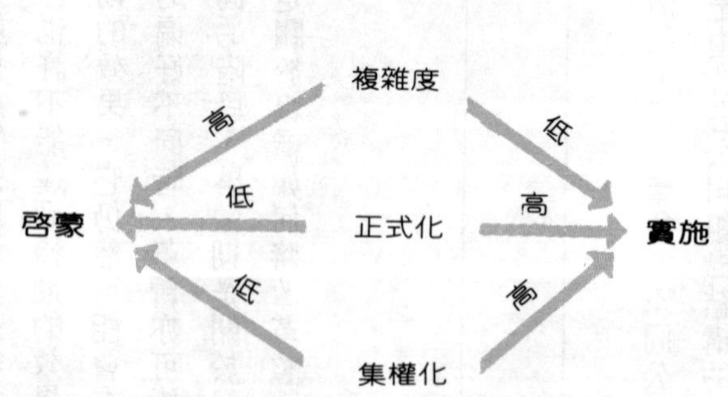

圖14-4　結構對革新的啓蒙與實施之影響

表14—3組織結構對革新過程各階段之作用

結構	啓蒙	實施
複雜程度	高度複雜有助於啓蒙與許多資訊來源接觸並有助於知曉（在他們領域內的專業知識）。	高度複雜阻礙實施難以對計劃取得共識互相衝突的利益群體。
正式化程度	高度正式化阻礙啓蒙限制新資訊來源的尋求。對替代行動沒有彈性。	高度正式化有助於實施目標的單一性使實施更爲容易，程序爲既定的，因此角色衝突與曖昧較低，比較知道如何適應改革方案的實施。
集權程度	高度集權阻礙啓蒙未參與決策群的人之不確定性。溝通管道不能提供現況的反面資訊，績效差距的知覺有限。	高度集權有助於實施清楚的角色規定及制裁角色行爲的權威有助於服從。

來源的接觸較多，而其使用面也會比較廣。這研究同時也發現採購時，購買的數量大，及公司的規模大時，由許多人參與的決策也就愈頻繁。

組織結構與革新屬性

已經有一些研究嚐試將革新屬性與組織結構變數（如複雜程度、集權程度，與正式化程度）聯結在一起（Moch and Morse, 1977; Mackenize, 1978; Beyer and Trice, 1978）。這是一個重要的課題，因爲組織結構與革新變數間的配合度，對革新的最終採行有強烈的影響。有一項研究強烈地指出，革新變數與組織結構間的關係，實在是非常重要（Moch and Morse, 1977）。本節的最基本問題是：那一個屬性（如果有的話）對一既定的組織結構特徵是攸關的。其他問題則是：他們的攸關性之本質爲何（正面或負面），以及爲何某一特殊關係會成立。

複雜程度

第一，我們將考慮若干個有關革新及組織複雜程度間關係之概念，這些概念大部分都仍然需要證實的探討，然而他們與已有的相關之研究，結果是頗爲一致的。

革新的不確定性　假若可能採用革新的組織，相對來講，較爲複雜並有許多部門或單位參與決策，那麼其革新的風險與不確定性，就會比較緩和。第一、比方說，參與購買一部大設備之決策的人愈多，當革新失敗時，分擔責難也會比較容易。第二、來自不同專家的資訊投入，讓大家對決策比較有信心，因爲現在專業人才的參與比較多。

這些概念意味著，管理者必須有公司內外專家的投入，以幫助他解決革新決策中，固有的不確定性。組織愈是複雜，所需內部法統（internal legitimation）的數目也就愈多。

溝通性　組織的複雜度愈大，管理者將革新採行後，所帶來的實際或潛在利益，傳達出去所需投注的努力也愈大，因爲複雜的組織有較多的內部界限（專業化羣體的數目愈大），同時由於界限大都有礙溝通的進行，管理者爲了確保革新的溝通在公司內暢行無阻，必須消除這些障礙。如此，假若有許多羣體或個人在革新採行決策過程中，具有影響力或受到影響，而他們彼此之間沒有頻繁而直接的溝通，那麼管理者就必須扮演積極溝通者的角色。

革新的影響　對組織的各個部分都有影響的革新，比較不爲複雜的組織所採行，同時在決策時，也需要一個比較長的決策過程，尤其在組織較趨向集團式而非獨裁式的決策過程時，這種情況愈是明顯。在複雜的組織中，受影響的羣體愈多，產生反對作用的可能性也會比較大，而這種懼怕反對的心理，也就從而增加了抗拒的來源。革新以後所需做的調適，爲人們知覺得愈多，革新採行所遭遇的抗拒也就愈大當管理者所面對的是一個複雜的組織，而革新又可能有廣泛的影響力時，他尤其必須考慮調整革新，使可能的反效果達到最小。假若革新無法隨時調整，那麼管理者必須考慮提供某些額外的組織改變，藉以緩和採行決策的反效果。例如某教具公司的行銷者，提供諮詢服務，以幫助某學校解決其使用此一教具時，所遭遇的困難。

配合性　配合性是有關組織複雜度的另一個組織屬性。試考慮這個概念：組織的複雜度愈高，組織中的價值觀、體驗及需要，可能產生的變異也就愈大，因此，革新及一些組織要素間的配合不良之可能性便愈大，如此，當某部門的管理者在推行某一革新，而與其他各個次羣體的人溝通時，他們不同的需要與價值觀，將會導致他們，從不同的角度來看這項革新，因此，溝通的內容（或者說形式）可能就需要因著各個羣體的不同而有所不同。

相對利益　在複雜的組織中，同時對好幾個次級羣體有獨特的相對利益之革新，比較容易為人所接受。尤其當許多人參與決策過程時，更是如此。所以，最理想的狀況是：應使革新滿足決策影響所及的羣體之最迫切需要。由於這在大部分情況是不太可能的，因此，決策者必須決定既定革新所能滿足的最佳需要組合。

可分性　革新愈可分（以其可在組織內的何處使用為準），複雜的組織愈會去使用它。實際上，可分性使組織複雜度成為一個中性因素，因為各個次級羣體可以不考慮其他次級羣體的需要，而自行試用革新。

因此，如果可能的話，在一個複雜的組織中，革新的試行，應該由一個次級羣體來進行。例如，有人向印刷業某個極爲複雜組織的所有部門之主管，推荐交感團體法（Sensitivity group session），起初，大部分的部門都强烈地反對，但銷售部門的主管却認爲這種方法對其部屬有好處，並成功地試行了交感訓練（sensitivity training）。此後不久，另一個部門主管亦成功地試行此一方法。倘若公司裏有一個或兩個其他次級羣體追隨著這樣做，那麼這種方法將會被所有的部門主管所試行。

修正的感受性（susceptibility to modification）事後修正的感受性意思是採用革新之後，隨著使用環境的改變與預期滿足需要的未達成，可以將革新加以改變或調適，以順應需要的程度。革新愈能加以調適以滿足不同需要或情況（不論是同一使用者的不同時點，或同一時點，同一社會系統的不同使用者），它便愈可能被持續使用。通常組織愈複雜，革新的影響面愈廣，若要革新被採行，則革新對修正的感受性要愈大。例如，假使一個複雜的組織知道必要時它可以在複製機上加裝額外的零件來從事整理、折疊、裝入信封、貼上郵票，及印刷的工作，那麼它就比較有可能購買這一部價值昂貴的複製機了。

正式化

我們所要考慮的第二個組織屬性是正式化，組織正式化的程度愈大，雖然會使決策過程的起始變得相當困難，但實施革新的採行決策却較迅速，因爲隨著複雜度的增加，革新的特質可能會與正式化產生特別互動。各種革新屬性與正式化的影響，下列將有所說明：

特立性（radicalness）　革新與替代方案愈不相似，它就愈爲特立，當考慮採用某一特立的革新時，反應革新情況的組織規章及程序較不明顯，而一般的革新，情形恰好相反。

組織結構愈爲正式化，它愈可能有一個處理特立革新的機能，倘若革新通過了公司的規章與程序，那麼革新即使失敗了，個人也不致擔負嚴重的後果，因爲，事實上，這個時候有整個規章與程序系統與其分擔錯誤決策的責任。然而這裏有一個重大的區別必須弄清楚就是，特別爲某些極爲特定而有限的情況而擬定規章與程序的組織，與有一套處理一般情況的規章與程序的組織。如此，規章與程序愈是一般化（亦即它們所涵蓋的情況愈廣泛），組織發始有關特立革新決策的可能性就愈大；而規章愈爲詳細，實施特立革新就愈爲容易。

可分性與可止性（divisibility and reversibility）　一個公司若高度正式化可能會造成僵化，因此，革新可分、可止的性質也就特別重要。可分性將革新限制在公司的某一部分，使其規章及程序保持完整，而可止性使組織易於將那些因採行革新的緣故而改易的規章與程序恢復過來。如此，在一個內部結構高度正式化的公司裏，管理者應該讓相關的決策者易於有限地試行革新，同時不需立即的與長期的承諾。

承諾　革新承諾所需要的程度愈高、組織正式化的程度愈大，決策期間就愈長，同時完全採行的可能性就愈低（Zaltman and Duncan, 1977）。正式化則需要革新符合許多標準，這是一個耗費時間的過程。這通常需要有「產品支持者」（product champion），亦即高度支持革新的夥件。當革新通過了正式的規章與過程時，產品支持者對革新的承諾保持了它在公司中的興味。

配合性（compatibility） 革新與高度正式化組織的配合性，對革新的採行決策有直接而正面的影響。革新與公司的規章和程序愈是配合，愈可能被採行。當然，配合性也可以經由高度承諾的產品支持者對革新的修正，使其符合各項規章與程序的要求來達成。如此，倘若一開始整個組織對革新的承諾愈低，革新與組織正式化的特質之配合性愈低，修正革新以提高產品與規章、程序之結構的配合度就愈爲重要。

對正式化的總評 在高度正式化的組織中，許多規章與程序意味著一連串的守門人（gatekeeper）正運作者。每一個資訊管道都有一連串的守門人，他們每一個人只要不把資訊往下一個守門人傳送，就能阻止資訊在管道中流通。這種叫做系列式守門作用（serial gatekeeping），在高度正式化的組織很可能有這種情形，而這使得革新採行決策的起始與執行變得困難。當一個既定管道中有許多守門人，鼓吹改革的管理者需要分辨並接近有關各個決策程序的關鍵人員。在結束這節正式化與革新屬性的討論時，我們要強調，擁有許多規章及程序並不會自動地對改革的發始造成阻礙，而它們所運作的環境，都是重要的考慮因素。

集權程度

高度集權使得革新的啓蒙變得困難，但卻有助於它的實施，好幾個主要的革新屬性與這個組織結構特質交相運作著，以決定革新決策的過程與結果。

承諾　需要强烈而廣佈的承諾以有效運作的革新，當分權時比較可能成功。分權決策的組織結構，含有較多的參與，這提高了參與決策的組織成員間的承諾感，同時，決策愈是分權，能夠參與及涉入的人員也就愈多。在一個決策結構的任何一層，只要有許多參與者，就可能有助於一項複雜革新的採行，不同背景參與者的數目愈多，不同專長的人愈多，也就愈能弄清楚這一複雜革新的本質。不同背景的人參與決策，也可能因其對人際關係的影響較强，而有助於革新的啓蒙與實施，此外，在採行決策過程中，不同的背景亦可能有助於洞悉革新可能造成的人際問題。

可分性與可止性　可分性與可止性愈低，革新所造成的影響愈大，那麼，高度集權的決策結構便愈重要，愈有效率。尤其是在一個複雜的社會組織中，而其次系統間的協調較微弱時，愈是如此。這個假設隱含著一個論點：假若革新試行並暫停後，一個在組織層級結構中，相對地位較低的部門，將不會樂意自行去做一個將長期影響公司內其他羣體的決策，或干涉整個公司。當上述情況存在時，管理者應該將他們大部分的活動指向高級人員與那些組合並處理高級人員決策所用資訊的次一級人員。

摘要

本章已提出許多有關組織改變的中心觀念，這討論包括促成改變的驅動力與抗拒來源，或改革的阻礙，熟悉了前述改革的模型，應有助於你更加瞭解組織中社會改革的機能。對你尤其重要的是，去瞭解公司內外在環境如何互相影響，並如何從而影響了你在處理改革過程中所要做的決策。

本章參考書目

Baldridge, J. Victor, and Robert A. Burnham. "Organizational Innovation: Individual, Organizational, and Environmental Impacts." *Administrative Science Quarterly* 20 (June 1975): 165–76.

Beckhard, Richard. *Organizational Development: Strategies and Models.* Reading, Mass.: Addison–Wesley, 1969.

Berning, Carol A. Kohn, and Jacob Jacoby. "Patterns of Information Acquisition in New Product Purchases." *Journal of Consumer Research* 1 (September 1974): 21.

Beyer, Janice M., and Harrison M. Trice. *Implementing Change: Alcoholism Policies in Work Organizations.* New York: Free Press, 1978.

Biggart, Nicole Woolsey. "The Creative–Destructive Process of Organizational Change: The Case of the Post Office." *Administrative Science Quarterly* 22 (September 1977): 410–26.

Bonoma, Thomas, Gerald Zaltman, and Wesley Johnston. *Industrial Buying Behavior.* Cambridge, Mass.:Marketing Science Institute, 1977.

Bowers, David G. "Organizational Development: Promises, Performances, Possibilities." *Organizational Dynamics*, 4 (Spring 1976): 50–62.

Campbell, Rex R. "A Suggested Paradigm of the Individual Adoption Process." *Rural Sociology* 31 (December 1966): 458–66.

Clark, Peter A. *Action Research and Organizationl Change.* New York: Harper & Row, 1972.

Cooke, Robert A. "Managing Change in Organizations." In G. Zaltman (ed.), *Management Principles for Nonprofit Organizations.* New York: American Management Associations, 1979.

Downs, Anthony. *Inside Bureaucracy.* Boston: Little, Brown, 1967.

Downs, George W., Jr., and Lawrence B. Mohr. "Conceptual Issues in the Study of Innovations." *Administrative Science Quarterly* 21 (December 1976): 700–714.

Duncan, Robert B., Susan A. Mohrman, Allan M. Mohrman, Jr., Robert A. Cooke, and Gerald Zaltman. *An Assessment of a Structural Task Approach to Organizational Development in a School System.* Final report, Grant No. 6–003–0172, Washington, D.C.: National Institute of Education, 1977.

Friedlander, F., and L.D. Brown. *Organizationl Development, Annual Review of Psychology.* pp. 313–41. Palo Alto, Calif.: Annual Reviews, 1974.

Gronhaug, Kjell. "Autonomous vs. Joint Decisions in Organizational Buying." *Industrial Marketing Management* 4 (1975): 265–71.

Hage, J., and R. Dewar. "Elite Values vs. Organizational Structure in Predicting Innovation." *Administrative Science Quarterly* 18 (1974): 279–90.

Hellriegel, Don, and John W. Slocum, Jr. Chapter 13 in *Organizational Behavior: Contingency Views.* St. Paul, Minn.: West Publishing Co., 1976.

Holzner, Burkart, and John H. Marx. *Knowledge Application: The Knowledge System in Society.* Boston: Allyn & Bacon, 1979.

Kahn, R.L. "Organizational Development: Some Problems and Proposals." *Journal of Applied Behavioral Science* 10 (1974): 485–502.

Kilmann, Ralph H. "Organizational Design for Knowledge Utilization." Paper Presented at A Research Utilization Conference, University of Pittsburgh, September 20–22, 1978.

Koontz, Virginia Lansdon. Chapter 5 in "Determinants of Individual's Level of Knowledge and Attitude Towards and Decisions Regarding a Health Innovation in Maine." Ph. D. thesis, Ann Arbor, Mich.: University of Michigan, 1976.

Leavitt, H.J. "Applied Organizational Change in Industry: Structural, Technological, and Humanistic Approaches." In J. G. March (ed.), *Handbook of Organizations.* Chicago: Rand McNally, 1965.

Lingwood, David A. "Producing Usable Research." *American Behavioral Scientist* 22 (January/February 1979): 339–62.

Mackenzie, Kenneth D. *Organizational Structure.* Arlington Heights, Ill.: AHM Publishing Corp., 1978.
McNeil, Kenneth, and Edward Minihan. "Regulation of Medical Devices and Organizational Behavior in Hospitals." *Administrative Science Quarterly* 22 (September 1977): 475–490.
Moch, Michael K., and Edward V. Morse." Size Centralization, and Organizational Adoption of Innovations." *American Sociological Review* 42 (October 1977): 716–25.
Mohr, Lawrence B. "Determinants of Information in Organizations." *American Political Science Review* 63 (1969): 111–26.
Ostlund, Lyman E. "Perceived Innovation Attributes as Predictors of Innovations." *Journal of Consumer Research* 1 (September 1974): 23–29.
Pasmore, William A., and Donald C. King. "Understanding Organizational Change: A Comparative Study of Multifaceted Interventions." *Journal of Applied Behavioral Science* 14 (1978): 455–68.
Rogers, Everett M., and Rekha Agarwala–Rogers. *Communication in Organizations.* New York: Free Press, 1976.
Rogers, Everett M., and Floyd Shoemaker. *Communication of Innovation.* New York: Free Press, 1971.
Tushman, Michael L. "Special Boundary Roles in the Innovation Process." *Administrative Science Quarterly* 22 (December 1977): 587–605.
Weiss, Janet A. "Access to Influence." *American Behavioral Scientist* 22(January/February 1979): 437–58.
Zaltman, Gerald, and Robert Duncan. *Strategies for Planned Change.* New York: Wiley-Interscience, 1977.
Zaltman, Gerald, Robert Duncan, and J. Holbek. *Innovations and Organizations.* New York: Wiley-Interscience, 1973.

《實用管理心理學》參考附件

《實用管理心理學》是吳靜吉博士在「政大企研所」上課時採用的教科書，這份測驗卷，就是根據它命題的。您可以從題目中看出他們上管理心理學時，師生互動的狀況和研討的重點所在。最重要的是，你可以在讀完全書之後，測驗自己的心得。

一、是非題：每題一分，共四〇分

(　)1.挫折必定導致攻擊的行爲。

(　)2.領導者的專制之於促進工作量正如領導者之民主之於促進工作質。

(　)3.根據研究的結果，在美國，組織中的口頭溝通當中，屬於社會影響的行爲佔四〇%。

(　)4.組織結構（organizational structure）之於組織氣候（organizational climate）就像鷄之於鷄蛋。

(　)5.假設你是曉器公司的總經理，你要和你的員工溝通勞動基準法，因該法涉及員工自身的利害，你應該把你想好的結論大方的提出來，而不要讓他們自己下結論，以免對你不利。

(　)6.「山窮水盡疑無路，柳暗花明又一村」是說明流暢力的一個例子。

(　)7.感覺工作負荷過重之於血清膽固醇含量（serum cholesterol level）就如高階層職位之於薪水。

(　)8.一個立委候選人提出二個他認爲聽衆會喜歡的政見甲和政見乙，而這兩個政見中，他又覺得乙政見更重要，由於政見發表會的特質，二個政見是緊跟著提出來，從說服的觀點來看，他應該採用「新近效果」（recency effect）。

(　)9.組織中管理人員的領導和他的權力需求關係較密切而和他的成就動機關係較小。

(　)10.通常在一個公司裏，誰的職位愈高，誰就是這公司的意見領袖（opinion leader）。

(　)11.李挽闘上了管理心理學之後，發現他的大多數員工都是場地依賴的（Field dependent），所以把原來的隔間辦公室改成無隔間式的辦公室，多數員工起初很不高興，經過三個月的實驗後，不但這些反對的人對公司的向心力加強，而且在簡單的工作上的表現也比以前好，李總經理又隔了幾個小房間讓幾個少數的場地獨立者（Field Independent）或是從事創意或複雜工作的幾個部屬可以自由使用，結果成效很好。李總經理是根據他人的存在對工作表現的影響和個別差異與工作環境、工作性質之交互影響的理論。

( )12. 在管理上大部份的衝突都是 Zero-sum 的衝突。

( )13. 你是包鑽公司總經理，你希望將某項可能行動的消息散播出去，你最好先把消息告訴喜歡長舌的採購代理。

( )14. 「魚與熊掌不可得兼」和「也想不相思，以免相思苦」都是屬於雙趨衝突（approach-approach conflict）。

( )15. 權力（power）之於影響（Influence）就如「有能力去叫另外一個人完成一件特殊的事」之於「有能力去叫不同的人完成不同的事」。

( )16. 當管理者與其部屬間的互動關係惡化到部屬可能產生反抗時，管理者比較可能採用晉升、加薪或其他方式的獎勵。

( )17. 工作愈複雜，便有愈多的策略待決定，羣體也因此有更多的機會來影響個人。

( )18. 人的行爲偏離常模的理由和趨向常模的理由是一樣的。

( )19. 從組織的垂直複雜度來看，所需要專家數目較多的任務多半屬於高型（tall）結構，而當參與其事的不是專家時便會出現平行（flat）結構。

( )20. 你被邀請去向一羣對掃黑運動非常熟悉的人做有關掃黑運動的演講，你當然希望演講之後他們能夠支持你，捐錢做警察基金，你必須要談到警察與社會的關係，警察的形象……等等，爲了達到錢愈捐愈多的目的，你的演講內容最好是只有單面訊息的，換句話說，只說明警察對社會好的一面。

( )21. 公司愈大，員工的工作滿足感和士氣愈低。

( )22. 一枝獨秀之於獨創力正如錦上添花之於精進力。

( )23. 組織改變（organizational change）的對象，主要包括：任務（task）、科技（technology）、結構（structure）。

( )24. Generally available stimuli之於Discretionary stimuli正如自用車之於公共汽車。

( )25. 李林擔任一清化學公司的總經理，他勇敢的實施改革，在改革的初期員工怨聲載道，但因爲董事會，尤其是董事長全力授與權威，所以他可以繼續執行改革計劃而終獲成功。張樹是掃黃人體藝術公司總經理，他也大膽實施改革計劃，卻得到所有員工——人體藝術家的支持，最後也成功了。就權威的理論來說，李林在實現正式的權威理論（The theory offormal authority）而張樹是在實現權威的接受理論（The acceptance theory of authority）。

( )26. 你正要結束你主持的一個會議，爲了改變你聽衆的意見，你最好不要提出任何的結論。

（ ）27. 組織結構愈複雜，解決方案影響整個組織的程度愈大，人們所感受到的控制力愈小。

（ ）28. 工作滿足之於關係導向就如工作績效增加之於工作導向。

（ ）29. 劉經理一帆風順地升官，已經達到了所謂「心有餘而力不足」的地步，在遭遇挫折之後，他通常會說他的部屬是無能的，甚至說：「吃不起這碗飯，就不要佔著毛坑不拉屎！」他所採取的適應方式稱爲直接攻擊。

（ ）30. 反應或反射（reflection）是一種溫和的或軟性的影響模式。

（ ）31. 不同的領導者就有不同的組織氣候。

（ ）32. 你是一家公司的總經理，你正要提出一個新計劃，而你的員工對這計劃的有關資訊並不清楚，而且從過去的經驗知道他們對你的信任度很高，這時爲了說服他們接受這個計劃，你只要報喜不報憂卽可。

（ ）33. 在組織中管理者參與（paticipation）的程度愈低，角色過荷（role overload）程度愈高，他的角色壓力（role stress）就愈大。

（ ）34. 杜艮恒在政大企管所畢業後到八仙公司服務，這一家公司正因爲沒人懂得如何有效的應用新進購買的電腦設備，由於杜艮恒在讀書的期間已經早就掌握了這些硬體的資源，結果把八仙公司以爲困難重重的問題解決了，最後他改變了公司上上下下所有人的行爲，而像落水狗上岸抖起來了，以爲只有他ok，別人都不ok。他的這種現象應該可以說是使用權力的月暈效應（Halo effect）現象。

（ ）35. 一般的研究發現，在專利、放任和民主式的三種領導下，最能促進羣體的生產力和團體的凝聚力(cohesiveness）是民主式的領導。

（ ）36. 個人革新決策的過程包括七個步驟，最後的步驟是決議（resolution）期，在決議期時個人會降低其認知失調（dissonance reduction）。

（ ）37. 在一個高度正式化的組織中，擁有許多的規章及運作的程序，意味著公司有一連串的守門人（gatekeeper）正運作著，當有這種系列式的守門作用時，鼓吹改革的管理者需要分辨並接近有關各個決策程序的關鍵人員。

（ ）38. 大方公司可以說是一個大型的企業組織，公司所有的重要決策都是由一羣人組成的決策委員會在一連串的會議中所做成的羣體決策，每次開會爲了達成一致的協議而忽略了替代方案的可行性，大部份的成員產生了錯覺，認爲羣體決策的結果是無懈可擊的，因而過度樂觀，敢冒極大的風險，最後使大方公司的形象大受損傷，這種始料未及的事是羣體思考的弊病。

( )39.當管理者發現他的員工之所以工作不良的原因是缺乏能力時，管理者最好採取討論的方式來影響員工，希望他們增加工作效率。

( )40.根據費得了(Fielder)的領導理論，一個工作導向的領導者，在下面二種情況下領導的成效最好：①工作結構高，領導者和部屬間的關係良好②工作完全缺乏結構而他與部屬間的關係不好。

二、選擇題：每題一分，共三〇分

( )1.挫折的發生必須具備三個條件，下面那一個不是其中之一：①你必須有重要而且強烈的動機想要達到某一個目標②你相信你想獲至的目標是可以達成的③你所要達到的目標是整個社會認爲有價值的④在你的目標與實際行動之間是有障礙的。

( )2.根據柯霸優（Kobasa, 1979）的研究，一個內控的經營者與一個外控的經營者，同樣遭受壓力時，①內控者比外控者容易生病②外控者比內控者容易生病③內外控者生病的機率一樣④內外控與壓力無關。

( )3.下面那一種互動具有最高的互益性？①假性（pseudo）互動②反應性（reactive）互動③非對稱性（asymmetrical）互動④交相（mutual）互動。

( )4.「否極泰來，先苦後甘」是：①正增強（強化）②負（消極）增強③直接懲罰④間接懲罰。

( )5.對員工來說，在下面那一個範圍內管理權威的影響比較小或是不可能影響到的？①屬於何種政治團體②工作時間如何分配③工作時間內閱讀與工作相關書籍的時間④工作時間內和家人通話的時間。

( )6.牛和平最喜歡看性與暴力的電影和錄影帶，而他在看之前都很喜歡打人、罵人或者有性的衝動，看了之後，反而能夠降低衝動，減少攻擊的慾望，這是那一種防衞機構：①替代②消除③投射④理性作用。

( )7.下面那一個不是常模（norm）的重要功能？①常模提供行爲衡量的資訊②常模可以提高羣體的效率③常模可以成爲團體的工作目標④對羣體忠誠的常模，可以鼓勵員工繼續成爲團體的一員。

( )8.下面那一個不是溝通或傳播（communication）的基本因素：①來源（source）②訊息（message）③管道（channel）④情緒（emotion）。

( )9.如果你被趕鴨子上架去對一羣家庭主婦講x理論和y理論的比較，這羣家庭主婦對你的演講主題一點興趣都沒有，這時你應該把高潮放在整個演講的：①前面②中間③最後④散開。

( )10.下面那一個不是與組織發展有關的特性？①是全面性的②由下而上的進行③有計劃應用行爲科學智能的④會增加組織成效與健全。

(　)11. 根據Bales的互動過程分析的分類，有一個與會者喜歡給予建議、指示、意見、評估、資訊、證實等等，他的互動應是屬於那一類的？①社會感情：正面反應②任務：回答③任務：問題④社會感情：負面反應。

(　)12. 李爽和張快從大一迎新會時便成為固定的異性朋友，到了四年級的時候，他們以為該說的話已說完，而眞正想說的一句話卻沒人敢說，這句話就是「食之無味，棄之可惜！」自己是自己的包袱，又是對方的包袱，而對方也是自己的包袱，終於由第三者的點破而把那句話坦白的說出，那句話就是「為了解決負擔，我們分手吧！」說完了之後，二人都雀躍萬分，愛情的道路充滿希望，這是：①正增強②負增強③直接懲罰④間接懲罰。

(　)13. 有一個心理學家在一個捐錢的地方擺設一架錄影機，事後分析發現面向錄影機的捐獻者所捐的錢顯著地多於背向錄影機的人，這是受那一種因素的影響而服從常模：①外在威脅（external threat）②適當（appropriateness）③內化（internalization）④順服之可見度（visibility of compliance）。

(　)14. 如果你是一位經理，打算甄選一個「守門人」，下面那一個條件比較不重要：①有能力隨時了解你要改變訊息的需求②有能力去傳播訊息③有能力感覺何時需要及何時不需要訊息④有能力評鑑資訊的質。

(　)15. 朱明聰是長袖善舞專家，在擔任董事長的特別助理多年，他主要的工作有二類：一類是與政府的有關機關公文往來，一類是替老闆拉皮條，而從來沒有在董事長家人面前有過女生穿迷你裙漏出馬脚的時刻，但對公司的業務卻缺乏應有的知識和技能，董事長在臨終前為了報答他，升他為副總經理代替總經理的位子，朱明聰上任後極端缺乏安全感，有強烈控制部屬的需求，所以增加許多規章的數量及繁複程度，而對於任何偏離規章的員工無法容忍。朱明聰的行為是等於：①集權化（centralization）②厭惡制度者（bureautic behavior）③制度狂（bureaupathic behavior）④疏離感（alienation）。

(　)16. 下面那一個不是問題解決低度承諾常出現的原因：①沒有足夠的時間、技能和財力解決問題②解決方案雖然明確但無法執行e.g.：開除某位高級主管所寵愛的人③解決方案將會相對地削弱制定和執行方案者的影響力和權力，或是違背公司的政策④沒有足夠的理論支持解決方案。

(　)17. 劉經理升遷以後，果然印證了彼得原則（Peter principle），因為達不到自己的工作目標產生的挫折感，一有時間便跑到以前的單位和他們重溫舊夢，而一回到自己的辦公室卻是一臉苦瓜相，他適應挫折的方法是屬於那一種？①退卻（with drawal）②固著（fixation）③壓抑（repression）④退化（regression）。

(　)18. 王冲今年四十五歲，擔任一家大公司的會計部主任，巴凉今年三十歲，在一家大公司裏擔任策劃的工作，王巴二人在辯論個人過去的經驗與現在擁有的機會對未來事業發展的影響時，二人各執己見，王冲認爲「經驗比較重要」，而巴凉認爲「目前行爲的替代方案才是眞正重要的」，從抱負（aspiration）的觀點來看，下面那一個是正確的答案：①王冲的主張②巴凉的主張③王巴都對④王巴都錯。

（ ）19. 中國人在撰寫傳記或報導成功時，對已經被公認的領導者，基本上是採取什麼觀點？①特質觀點（trait approach）②行爲／功能的（behavioral/functional）觀點③情境（contingency）的觀點④因緣際會（chance encounter）的觀點。

（ ）20. 下面那一個不是個人在組織中工作行爲的決定因素：①個人所有的知識與技術②工作或績效的策略③工作時所做的努力④工作場所的設備。

（ ）21. 根據 Robert Pirsig（1974）的建議，適當的適應挫折的反應有三個，下面那一個不是其中之一：①當你遭遇挫折時，停下來，再一次考慮你的計劃②保持彈性與變通力③昇華你的挫折④發展出一個通用而適當的方式以處理挫折。

（ ）22. 承諾（promises）是屬於那一種影響模式：①強硬的影響模式（hard modes）②軟性或溫和的影響模式（soft modes）③操弄的影響模式（manipulational modes）④與影響有關的態勢（Influence-related gestures）。

（ ）23. 在組織中應用權力來影響別人的行爲時，下面那一個權力基礎應用之多寡和影響者在組織中的職位高低無關：①合法（ligitimate）權力②獎賞（reward）權力③懲罰（punishment）權力④專家（expert）權力。

（ ）24. 從研究的結果來看，與指揮性（directive）領導比較起來，參與性（paticipative）的領導在下面那一點的結論尚未一致：參與性領導的①工作滿足較高②生產力較高③工作態度的改變較常出現④團體的凝聚力較高。

（ ）25. 增加新設備，淘汰舊設備以免妨礙生產的革新（innovation），是屬於那一種革新：①眞實增益革新（true incremental innovation）②維護（reinstement）革新③預防（preventive）革新④組合（combination）革新。

（ ）26. 根據賣蚵等人（McCall etal., 1978）文獻分析的結果發現在美國的經理，一天之中花在與別人外顯的互動（overt interaction）時間，大約是整個工作天的：①二五%②五〇%③七五%④一〇〇%。

（ ）27. 根據不來可——矛盾的領導模式（Blake-Mouton model），那一種管理者可以稱爲（三，七）式（不是三七仔）的管理：①關懷生產重於關懷員工②關懷員工多於關懷工作③生產與員工一樣關懷④生產與員工都不關懷。

（　）28.張咪咪在去去百貨公司擔任專櫃小姐，每天必須瞇瞇眼、笑咪咪地和顧客互動，這是屬於什麼互動？①假性互動②反應性互動③非對稱性互動④交相互動。

（　）29.王如賓在任何公司做事都相信常模是合理的，但並不特別喜歡服從這些他認爲合理的常模，他是屬於那一種從衆者的類型：①自由參加者（free loaders）②懷疑的從衆者（skeptical conformers）③特立獨行者（holdouts）④逃離者（escapee）。

（　）30.下面那一個不是溝通者（communicator）的主要功能？①世界人（cosmoplite）②意見領袖（opinion leader）③媒介者（liaison）④管理者（manager）。

三、問答題：每題十分，共三〇分

1.請根據領導的權力基礎，簡要地回答下列問題：①領導的權力基礎共有那七種？②最讓你佩服的領導者他的權力基礎是如何分配的？舉出一個這樣的領導者爲例來說明；如果在你的生活中未曾有過這樣的領導者，你可以虛構。③你覺得你自己在領導別人的時候，你會如何去運用你的權力基礎？

2.①何謂創造？②你覺得你的創造力如何？③你認爲有那些方法可以增進你的創造力？

3.①什麼是壓力（stress）？②工作與壓力有何關係？③如何消除壓力？

四、即興題：一〇分

考卷的內容不可能包括這一個學期管心所有的內容，更不能完全反應你自己閱讀或上課得到的認知、態度或行爲的感受或改變，任何你覺得值得寫的，就在這裏把它們寫下來。

解答

選擇

1.3　2.2　3.4　4.2　5.均可　6.1　7.3　8.4　9.1　10.2　11.2　12.2　13.4　14.2　15.3　16.4　17.4　18.3　19.1　20.4　21.3　22.1　23.4　24.2　25.2　26.3　27.2　28.1　29.1　30.4

即興題〔略〕

問答題〔略〕

是非

1.×　2.○　3.×　4.○　5.×　6.×　7.○　8.×　9.○　10.×　11.○　12.×　13.○　14.×　15.×　16.○　17.○　18.×　19.○　20.×　21.×　22.○　23.×　24.×　25.○　26.×　27.○　28.○　29.×　30.×　31.○　32.○　33.○　34.×　35.×　36.○　37.○　38.○　39.×　40.○